U0155742

大宋饕客指南

刘海永 —— 著

河南文艺出版社
·郑州·

美食之于开封……

——序《大宋饕客指南》

开封在大河之南，若遵从古代对于城市的命名习惯，称开封为"河阴"倒很恰切。

那条河就在它的身后，不舍昼夜。

那条河是悬河，开封人挂在嘴边的一个说法是——悬河的河底与开封这座城市当年的最高建筑铁塔塔尖持平。

悬河距离开封北城墙不足十公里，算是古语里的一箭之地，可谓近在咫尺。那条悬河就如此这般在这座城市的头顶日夜喧腾。

但奇怪的是，开封城里的人很少提及那条举世闻名的河。似乎悬河在他们的生活之外、想象之外。除了每年夏日近于例行公事的防洪部署，除了一条路名和一座雕塑之外，那条悬河几乎没有和这座城市的人发生过实际联系。

开封人只记得大宋王朝，只会在秋季莳弄一下淡淡的菊花，他们的心里，他们的嘴里，会惦记传说中的隋堤烟柳、相国霜钟、金池夜雨……对于绕不开的那条悬河，他们敬而远之，或者干脆闭口不提。

那么浩浩汤汤的一条河，那么意义深远的一条河，就这样被开封人视而不见。对于它，开封的古人很少有诗作歌而咏之，开封的今人也甚少主动靠近。尽管那条河近在咫尺，但他们选择了疏离。

为什么会这样？

这也许和开封特殊的历史命运有关。

所有被称为古都的城市，都曾屡经兵燹，这是王朝政治的必然现象。所谓的风水轮流转，就在这种王朝更迭中得以完成。一次次的更迭，往往伴随着天崩地裂，而王朝的都城更是苦难的渊薮。

和别的古都相比，开封的苦难又多了一层——它曾被悬河反复毁灭。

王朝的更迭，虽然伴随着天翻地覆，却有一种潜在的秩序，毕竟有人心的向背在左右。但洪水毁城，却很难找到内在的秩序，有时是歹人以水为兵，有时则是无来由的天灾。

源远流长的天灾人祸水患，让开封有了一种别样的城市性格。

帕慕克曾将伊斯坦布尔的城市性格定义为"呼愁"。他为此专门写过一篇文章，来讲述他所理解的"呼愁"——一种交织了辉煌和失败、荣耀和无奈的情感——当然这样描述依然不足以转述帕慕克的原意。但，伊斯坦布尔的城市性格依然是清晰的。

开封就没有如此幸运，尽管很多人曾对开封的城市性格做过大量的描述，但开封依然是个面目不清的城市，就像它的名称一样。虽然它曾经叫过启封、大梁、东京、汴京、汴梁、汴州……，甚至还叫过南京、祥符，但我觉得还是"开封"这个词的字面意思最能体现它的性格——既开又封——自相矛盾，自我解构。

思考开封的城市性格，很难从王朝的命运来切入，无论是北宋，或是此前若干短命王朝，它们的命运基本上没有对开封的城市性格产生举足轻重的影响。赫赫王朝的霸气、名都大邑的贵气，似乎都和开封无缘，开封骨子里是个世俗化的城市。即使在大宋王朝——它最为高光的时刻，它依然是世俗性的。在某种意义上，开封的城市性格，往往在那些小人物身上得以淋漓尽致地体现，譬如侯嬴，譬如李师师，还譬如牛二……他们性格各异，但他们合在一起，却拼接成了复杂的开封性格。

开封就是这样一座城市，性格深处有一种无所谓甚至有些混不吝的态度，这种态度根深蒂固，甚至说成是城市的文化基因都不为过。而这种基因，很可能和北边的悬河有关。

在漫长的岁月里，悬河曾是这座城市的噩梦，或因天灾，或因人祸，这头顶的一河水随时可能倾倒下来。任你是达官贵人，任你是富可敌国，那水一旦倒下来，结果就是"人或为鱼鳌"。所以,"只恐夜深花睡去,故烧高烛照红妆",看完了花,就要喝花酒,喝花酒就要有佳肴,如此需求之下,开封美食焉能不盛?

对于开封人来说,入睡是靠不住的,说不定睡梦中洪水就从天而降了。对于古时的开封人来说,在潜意识中,唯一能抓得住的就是今天;今天的尾巴,无疑就是今晚。明天的事,谁知道呢,不如过好今天,不如抓住今晚,不如把今晚当成最后一晚。

开封人几乎不追求超越性的东西,因为,你连悬河都超越不了,还能超越什么呢?开封的古人被巨大的危机感所捆绑,那无可逃避的危机感为开封人搭建起了心理背景。这样的背景下,你不能要求这个城市的人去追求永恒的东西,对于开封人来说,此时此刻,就是永恒性的东西,就是超越性的东西。将当下当成永恒,将当下当成超越,用四个肤浅的字来概括,就是"活在当下"。活在当下,可能就是开封最底层的文化逻辑。只有夜市,只有美食,才能真正传达这样一种特殊的心理,才能表达特殊的性格。

从这个角度理解开封,很多问题更易理解。在这个意义上,我们才能真正理解开封的夜市为什么会如此长盛不衰,夜市灯火之下的美食为什么总是能令开封人垂涎。

所以,到开封来,很多地方不必参观,很多景点不必打卡,很多名头很大的饭店也可以不去,但开封的美食、开封的小吃一定不要错过。开封城市不大，你可以选择在背街小巷随便走走，看哪一家小吃店排了长队，你也排上去，一定不会错。

你只有吃着带烟火气息的小吃，品着有市井风味的美食，你才有可能真正理解开封的性格，才会懂得开封的小吃为什么非要把一种味道推向极致。

开封的小吃，开封的美食，是文化，是历史，更是面对苦难的那份淡定。悬河还在，但开封人以美食消解了对它的恐惧；危机还在，但开封人以小吃纾解了自己的脆弱。

开封的美食，就是开封城市性格具体而微的象征。

对此有洞察的饕客，才是开封小吃的旷世知音。

是为序。

目录

第二章　现代菜色的宋朝身世

第三章　宋朝这个时候吃什么，怎么吃

第四章　精选大宋美味

开场白：日常饮食中的宋代风味

不得不承认，这么多年以来，我已经被这座城市征服。从语言到行为再到生活习惯，我已经被"改造"，融化在千年古都的醇厚历史文化中。是的，就是在开封。

我一度沉醉于近代开封。为《汴梁晚报》人文周刊做《寻味开封》专栏时，忽然被宋代文化所折服，当时打算做完民国开封这几本书，企图打通民国到北宋的区域历史。一幅《清明上河图》、一部《东京梦华录》算是宋人送给开封城的两部"生活指南"或"穿越生存手册"。"一图一书"瞬间把北宋用长镜头拉到了现代。我很庆幸，能够生活在开封这座文化名城，在这里随处可以找到北宋的影踪。

大约是在 2014 年吧，我在一场大病出院之后，接待了BBC（英国广播公司）摄制组，经过前期几个月的邮件和电话沟通之后，他们在九月来到开封拍摄《中华的故事》纪录片第三集《黄金时代》。这一集着重在中国历史上最繁荣的时代——宋朝。作为他们的文化顾问和受访对象，我与英国历史学家迈克尔·伍德（Michael Wood）接触较多，在交流过程中，我很惊讶他对开封历史地位的定位。他盛赞开封是一座"记忆之城"，以为中国城市的记忆只能在开封找到，开封透过书画、语言等展示北宋醇厚的历史。在他看来，开封与雅典、巴格达相比毫不逊色。透过书店街现在的街景街貌，他竟能想到北宋的活字印刷术；老街巷的老门楼、四合院以及街道上的叫卖声，都和他在《东京梦华录》中读到的记载相像，感觉很亲切。迈克尔·伍德告诉我，宋朝是中国文明的顶峰，是中国文化发展的黄金时代，也只有在开封这样的古城才可以找到历史变迁的基因。

通过拍摄期间的接触交流，他改变了我的研究思路，我需要重新调整方向了。只有在开封才可以找到宋朝，发现宋朝，感受宋朝，回到宋朝。在日常生活中，处处都有宋文化的踪迹，无论言语、生活习惯还是饮食传承。《水浒传》中写林冲夜上山神庙的时候，说"那雪正下得紧"。也只有开封百姓，在雨下得大时说："雨下紧了！"一个字就穿越到历史现场。风俗习惯更是沿袭《东京梦华录》或《岁时广记》中的种种宋代规矩。比如，小时候，我母亲过年时总要说：正月初一不摸针线。后来竟然在《岁时广记》中看到"忌针线"的文献："京人元日忌针线之工，故谚有'懒妇思正月，馋妇思寒食'之语。"宋代的元宵灯会不但花灯品种丰富，而且还是市民的狂欢节，民国以来的开封花灯不也是一路传承下来，直到20世纪80年代，每一届灯会无不人声鼎沸、热闹非凡？近年的大宋上元灯会更是造成有史以来城市"第一堵"的盛况。

宋代官宦之家经常宴请宾客，于是在京城饮食业出现了登门为筵席服务的新行业——四司六局。"四司"指帐设司、厨司、茶酒司、台盘司，"六局"指果子局、蜜煎局、菜蔬局、油烛局、香药局、排办局。豫东地区一直把职业厨师称为"局匠老师"，我一直觉得这个称呼与宋代的四司六局有关系。据李开周老师考证，"平民意识浓厚的宋朝则更进一步，四司六局不仅是宫廷和豪门的常设机构，同时也从依附关系中剥离，独立成一个个劳务组织，开始为所有人提供服务，前提是只要服务对象掏得起钱"。至今，开封乡村红白喜事的筵席上还活跃着一群局匠老师，他们根据客户需求，按照预定订单和日期前往主家服务。流动于乡村包办筵席的局匠老师，不也正延续并传承着四司六局的功能吗？

展开《清明上河图》，每一个片段都值得深入探究。穿的什么衣服，住的什么客店，吃的什么小吃，玩的什么器具，坐的什么轿子等，在民国开封是不是还有传承，是不是还在延续，是不是还有踪影，一想起就感觉是一件十分好玩并且有趣的事。

千年以后的开封仍有汴河的遗址，不过到民国时期河道已经干涸了，随着居民增加，渐渐填平了河道，成为街巷。当年的汴河对开封多么重要啊！梦华销尽之后的汴河如今连个小河沟也找不到了。这该是令人遗憾的事。大运河申遗，怎么能离开开封的汴河？

再说孙李唐（位于今开封市龙亭区），一个囚禁南唐后主、一代词宗李煜的地方，在宋代开国初期，因为赵光义容不下一个违命侯的思乡和回望，于是一杯牵机药送李煜上西天。这个地方如今地名还在。在中国历史的宏大叙事中，怎么能离开李煜的影踪，无论是缠足的肇始还是诗词歌赋的填写，都绕不过这个村庄。大宋开国的一段历史与这个村庄有着密切的联系，然而在实地已找不到一丝蛛丝马迹。

宋代是个开放的朝代，商业繁荣，物阜民丰。每次阅读宋词，我都在想，苏轼在现在开封的哪个位置居住，李清照在开封的什么街巷有府第。看《东京梦华录》我甚至会想，孟元老的住所在现在的开封地图上该如何标注；蔡京的官邸离繁塔（位于开封城外东南郊的佛塔，是北宋东京城遗址的重要部分）有多远，中间需要经过哪些街道，会路过哪些名人的宅院，如果乘水路需要转几道河，就像现在的高速公路一样，得跨几条高速公路才可以到达。

扯得似乎有些远了，我们继续说饮食。还在开封拍摄纪录片的时候，迈克尔·伍德拿出一本复印版的刻板线装书《山家清供》，说想找厨师制作一道宋菜。不要怪我才疏学浅，《山家清供》一书我就是从迈克尔·伍德那里首次知道的，一翻阅就爱不释手。那次拍摄纪录片关于宋代饮食部分，直接就是由宋菜引出，主持人迈克尔·伍德看到一盘子大约八枚蟹酿橙，就说有全部吃下去的胃口，还眉飞色舞地说在宋代的食店："行菜者左手权三碗、右臂自手至肩驮叠约二十碗，散下尽合各人呼索，不容差错。一有差错，坐客白之主人，必加叱骂，或罚工价，甚者逐之。"

他如数家珍地背诵《东京梦华录》的字句。这样的场景后来我在一家胡同面馆里见到了。夏日几个朋友去吃拉面，服务人员送面的时候，一个胳膊加上手托着，竟然走了五碗拉面，动作麻利，汤汁不洒，太令人惊讶了。

《东京梦华录》记载了二百八十多种菜肴面点的名称，比如"煎鱼""炒鸡""炸蟹""烧臆子""糟姜"等，可以识别出来的烹调方法就有生淹、糟淹、炙烤、爆、烧、炸、蒸、水晶、蜜饯、酿、煎、烙、炖、熬等近五十种，其中绝大多数烹调方法历经元、明、清千年的实践检验流传至今。记载的一些象形食品，如"梅花包子""莲花鸭签""鱼兜子""荔枝腰子"等尤为后世瞩目。

宋代的面条比现在的品种要丰富，北宋东京城内，有"罨生软羊面""寄炉面饭""桐皮熟烩面""大燠面""菜面""三鲜面""鹅面""百合面"，还有炒面、煎面及多种浇头面等。面条成为当时人们的日常主食，现在北方人午饭还是多以面条为主。宋代文献记载的"冷淘"，就是现在的捞面条。著名的开封拉面一定要过水，再浇上冬瓜羊肉卤，否则不爽口，这也是宋代"冷淘"的传承发展吧。

　　杭州小笼包拷贝的是古代开封的工艺，宋人南迁之后，开封的传统烹饪技术、风味、制作方法随之传入临安，经过融合发展，"南渡以来，几二百余年，则水土既惯，饮食混淆，无南北之分矣"。宋朝美食蕴含丰厚的历史文化，既有地域空间的滋养，又有时间变化的酝酿，所以，宋朝美食吃的是文化，是质量，更是乡愁。纪录片《舌尖上的中国2》台词说得好："总有一种味道，以其独有的方式，每天三次，在舌尖上提醒着我们，认清明天的去向，不忘昨日的来处。无论脚步走多远，在人的脑海中，只有故乡的味道熟悉而顽固。它就像一个味觉定位系统，一头锁定了千里之外的异地，另一头则永远牵绊着记忆深处的故乡。"

　　好吧，闲言少叙，请读者朋友开始品味宋朝的美食吧！

第一章

到宋朝吃大餐

"借壳上市"的那些菜

一直以为只有在现代资本领域才有"借壳上市"一词。借壳上市就是通过收购、资产置换等方式，取得已上市公司的控股权，这家公司就能以上市公司增发股票的方式进行融资，从而实现上市的目的。如果穿越到宋代，我们就会忽然发现，古人原来也是这样聪慧，在饮食领域透过"酿"的方式，改变菜肴单一的味道，从而达到更加美味的境界。

经典豫菜"套四宝"是在传统名菜"套三环"的基础上改进而成，因集鸭、鸡、鸽子、鹌鹑四味于一体，四禽层层相套，且形体完整，故名"套四宝"。这道菜如果追溯渊源，其实也是一道酿菜，所谓酿菜就是在一种原料中夹进、塞进、涂上、包进另一种或几种其他原料，然后加热成菜。我们就通过几道菜来看宋人如何"借壳上市"。

历史悠久的酿菜

酿菜历史悠久，如在周代号称"八珍"之一的"炮豚"，是把枣子酿入乳猪腹中，经过烧烤、油炸、隔水炖焖而成。但这里面的枣子是不吃的，只用来增加猪肉的美味。北魏贾思勰的《齐民要术》中就收有酿炙白鱼、胡炮肉等酿菜。以胡炮肉为例，将一岁左右的肥白羊宰杀后，取适量的肉切碎，羊油也切碎，加豉、盐、葱白、花椒、胡椒等调味料拌匀。将羊肚洗净，翻过来、塞满上述调好的调味料，再将肚子缝好。接着在地上挖一个坑，用火烧红，将灰火扒开，放入羊肚，再盖上灰火，大约烤煮一顿饭的时间，这道菜便制作成功了。其味"香美异常"，非一般菜肴可比。这道菜应该是中国北方少数民族发明的。

宋代大型文献《太平广记》记载了一道菜叫"浑羊殁忽"。浑羊好理解，就是全羊的意思；殁忽，笔者怀疑是北方游牧民族语音的汉译。《太平广记》引自《卢氏杂说》："见京都人说，两军每行从进食，及其宴设，多食鸡鹅之类，就中爱食子鹅，鹅每只价值二三千。"其制法是：按吃饭的人数准备仔鹅的数量，将鹅宰杀后，煺毛，掏尽内脏。鹅腹内"酿以肉及糯米饭，五味调和"；取羊一只，宰杀而剥皮并去掉内脏，将鹅放入羊腹内，将口缝好，然后用火烤。待羊肉熟后，便打开缝口，取出鹅整只地吃，谓之"浑羊殁忽"。

这道名菜在元代《食珍录》中也有记载：置鹅于羊中，内实粳、肉五味，全熟之。这能不能说是"套四宝"的前身呢？鹅入羊腔，缝合剖口，上烤炉按烤全羊法长时间缓火烤，至羊肉熟透离火，开口取出鹅入大托盘，趁热改刀，佐各种味碟开吃。吃起来不但味道美，而且颇有古风，十分适合户外野餐。不过至少得两三家聚餐吧，否则是吃不完的。

宫廷名菜蟹酿橙

纪录片《中华的故事》在第三集"宋朝"开封部分请我找一位厨师制作一道宋菜。经过协调，找到中兴楼姓陈的主厨。拍摄纪录片宋代饮食时，就是由这道宋菜引出的，镜头首先出现的就是蟹酿橙。一盘子大约八枚蟹酿橙，让主持人迈克尔·伍德食指大动。这是一道什么样的食物呢，具有如此大的诱惑力，连行走江湖多年的资深老外竟然也为之倾倒了？

蟹酿橙是宋代宫廷名菜，源于山野，后入宫廷，又叫螃蟹酿枨（"枨"即橙），是南宋临安地区的一道秋季名菜，用蟹肉放入橙内加调味蒸制而成。据《武林旧事·高宗幸张府节次略》记载，清河郡王张俊贡进御宴食单中就有螃蟹酿枨一菜。

林洪取名为"蟹酿橙"。

这道风味菜肴制作独特，蟹橙两味相配，酸咸融合，为饮酒者的佳肴。按照《山家清供》的做法，需要选黄熟个大的橙子，切去顶盖，剜去瓤，稍微留点汁液，用蟹膏肉填满橙中，仍用带枝顶盖覆盖上，放入瓿里，用酒、醋、水蒸熟。用醋、盐蘸食，香而鲜，"使人有新酒、菊花、香橙、螃蟹之兴"。林洪曾回忆前人危巽斋（稹）写的《赞蟹》："黄中通理，美在其中，畅于四肢，美之至也。"现在，在蟹酿橙这道菜里又感觉到了这种美。

这道菜构思巧妙，将蟹油、蟹肉藏于掏空的橙子之中，蟹膏肉遇橙汁自会产生一种特殊的鲜香味，加之以醋、盐供食，既可去腥，又有另一种鲜美之味，且构思巧妙，富有美感。时逢秋日，菊花怒绽，新酒初开，把酒、对菊、品评橙蟹，至鲜之味，怎不令人顿生雅兴呢！

我曾按照宋人古法尝试制作该菜，效果颇为理想。做这道菜要准备熟甜橙三五颗，以快刀平着截去圆顶，剜去橙肉，留下少许橙汁。然后取大螃蟹四只煮半熟，挖取蟹膏肉（蟹黄、蟹膏、蟹肉），分别填入橙内，然后盖上橙盖，并插上三根牙签将橙盖与橙体固牢。出笼后，即可上桌。食时，用筷夹橙中之蟹肉，蘸炒过的盐及醋而食，香而鲜美。此菜纯以自然之美，突出菜肴的色、香、味，保持了中国传统菜肴制作的真髓。

莲房鱼包和酿笋

宋代林洪所撰的《山家清供》中还有一道酿菜相当精彩。这道菜是用嫩莲头和鳜鱼蒸制而成，叫莲房鱼包。《山家清供》载：将莲花中嫩房①去瓤截底，剜瓤留其孔，以酒、酱、香料加活鳜鱼块实其内，仍以底坐甑内蒸熟。或中外涂以蜜，出碟，用"渔夫三鲜"供之。三鲜，莲、菊、菱汤斋也。向在李春坊席上，曾受此供。得诗云："锦瓣金蓑织几重，问鱼何事得相容。涌身既入莲房去，好度华池独化龙。"李大喜，送端砚一枚，龙墨五笏。

林洪既叙述了该菜的制法，又讲了自己在朋友处享用此菜时，因赋诗而得端砚的乐趣。

这是一味制作精致、风味特异的宴席菜肴。其色、香、味、形都深受喜爱。《宋史》也记载名叫李道的孝子，母病，多次想烹制鳜鱼羹，为母增加营养。鳜鱼与莲房相得益彰，将嫩莲蓬头切去底部，挖出瓤肉，将活鳜鱼块同酒、酱、香料拌和一起塞入莲蓬洞孔内。再覆其底，放入蒸锅中，蒸熟即成。成菜造型别致，清香味鲜。

---

① 莲蓬头。

酿笋出自《梦粱录》，是将调好味的肉馅装进全笋内蒸之。至于所用肉类，按照宋人食俗，用羊肉的可能性较大，经济不宽裕的则不排除用猪肉的可能。做这道菜最好用春笋，因为春笋不论造型与口感都是最佳的。先准备长短粗细相近、肉色较白的中小春笋五至六支，去壳、去根洗净，肉馅用姜末、葱花、胡椒粉、料酒、盐搅拌均匀，用筷子将竹笋内部的节一一穿透，将肉馅分别塞满笋内，扑上生粉封口。放入蒸笼蒸之，待笋的颜色变老，稍焖后即可出锅上桌。让客人自剥笋衣而食，确实"味美而趣"。

目前，开封市井有卖竹筒粽子者，与酿笋有异曲同工之妙。在当时南宋的市井酒肆中除了酿笋之外，还有"酿鱼""黄雀酿"等酿制菜肴应市而生①。

① 见《梦粱录》。

汴京烤鸭传天下

外地的亲戚朋友来开封，我会带他们到夜市品尝小吃，送行的一顿必须在饭店进行，小笼包子和烤鸭一定要上。小笼包子是特色，烤鸭为什么也要坚持上呢？包子仅是主食，烤鸭是宋代传承下来的菜肴，与宋五嫂鱼羹一样驰名。我曾一度在州桥附近走动，想象千年之前的帝都就在我的脚下，夜市的繁华市声仿佛冲破数米深的土层跃上地面，车水马龙熙熙攘攘，美食飘香引人驻足，不知要不要停留。不时有烟雾缭绕，不是烧烤就是油烟，这烤鸭就在其间。当时文献记载不叫烤鸭，叫作炙鸭、燠①鸭。如果按时间比，汴京烤鸭是北京烤鸭的"祖宗"，连元朝大都都是将东京城照搬移植过去的，不但四合院仿照，连艮岳②的残石也搬运过去装点门面了。不是我开封人夜郎自大，随便提起一件东西都可以上溯到历史深处，这汴京

---

① 音同"熬"，这里指用小火把食物煨熟。
② 北宋时期的大型人工山水皇家园林。

烤鸭最后红遍大江南北，就算在它的发源地，依然是门庭若市。

汴京烤鸭传播南北

古代菜肴中"炙品"占很大的比重，炙鹅、炙鸭流传已久。据考，在发掘的长沙马王堆一号墓的遗骨里，可见到鸭骨。可以肯定，汉代是会有"炙鸭"的。早在南北朝时期，有本书叫作《食珍录》，其中就有"炙鸭"的记载。北魏贾思勰的《齐民要术》中也有记载，只不过是将鹅、鸭分档取料烤炙，不是整只烧烤。到了唐代，炙鹅、炙鸭更为精美。唐贞观时，曾隐居唐兴（今天台）翠屏山的诗僧寒山有诗云："蒸豚揾蒜酱，炙鸭点椒盐。"这位诗僧可谓酒肉穿肠过啊，不但吃猪肉蘸酱拌蒜，还烤鸭蘸椒盐。韩翃"下箸已怜鹅炙美，开笼不奈鸭媒娇"，张易之所创制的"炙鹅鸭"堪称经典，也特别残忍。据张鷟《朝野佥载》记述，武则天建立大周政权之后（690年），张易之因受武则天宠爱，被任命为控鹤监，其弟张昌宗为秘书监。兄弟竞相豪侈。张易之特制一种大铁笼，将鹅或鸭关于笼内，笼中放一大盆木炭火，又在紧靠铁笼四壁的外面，放着盛有酱、醋及各种调味汁的铜盆。鹅、鸭被火烘烤得既热又渴，不停地环绕铁笼走动，拼命地饮铜盆里的调味汁。

时间一长，鹅、鸭被火烤得羽毛尽落而死，等到肉色变赤，就成了"明火暗味烤活鹅鸭"，滋味特别鲜美。

到了宋代，出现了一道名菜叫燖鸭，它以烹调方法定名。"燖"是古代的一种烹调方法，始见于汉代。北魏《齐民要术》"作奥肉法"中曾经说道：将猪肉块加水在锅里炒，至肉熟、水汽干了，再用猪油熬煎，加酒、盐，小火煮熟后，将肉与卤一起倒入瓮子里。再加猪油浸渍熟肉。到北宋时出现了"燖鸭"，《东京梦华录·饮食果子》载："又有外来托卖炙鸡、燖鸭、羊脚子……"《武林旧事·作坊》中有"燖炕鹅鸭"的记载。

元代《居家必用事类全集》记载了"燖鸭"的制作方法："燖鹅鸭，每只洗净，炼香油四两，燀变黄色。用酒醋水三件中停浸没。入细料物①半两，葱三茎、酱一匙，慢火养熟为度。"按照上述记载，是将鸭子洗净，麻油入锅烧热，下鸭子煎至两面呈黄时，下酒、醋、水，以浸没鸭子为度。加细料物、葱、酱，用小火煨熟，仍浸在卤汁之中，食用时再取出，切块，装盘即成。用这种方法烹制，使食物慢慢成熟，较为入味。

---

① 指小茴香、甘草、白芷、姜、花椒、砂仁等细末。

王立是烤鸭高手

金兵攻破汴京之后，当地大批工匠艺人和商贾富豪，随着康王赵构逃到建康（南京）、临安（杭州）一带，当地盛产鸭子，汴京烤鸭便继续成为南宋君臣的盘中珍馐。南宋吴自牧的《梦粱录》中就描述了当时都城临安沿街叫卖熟食"炙鸭"的情景。宋人比唐人似乎更有慈悲心，有不喜欢肉食的宋朝吃货还可以在素食店买到假炙鸭、小鸡假炙鸭等仿荤食品。

王立是目前了解到的中国最早的知名烤鸭能手。据洪迈记载：南宋建康通判史戉任职满后，回到监安盐桥故居。有一天，他和仆役上街，见到街上有卖烤鸭的，便想起他从前的家厨"烤鸭美手"王立。史戉一问才得知这人就是王立的鬼，他问："你卖的鸭子是真鸭吗？"王立说："我也是从市场上买来的，每天十只，天还未亮，我就到大作坊里，在灶边把鸭烤熟，然后给主人一点柴钱，我们贩鸭卖的人都这样……鸭子是人世间的东西，可以吃。"史戉给王立两千钱打发他走了。第二天王立又提着四只鸭子来了。这以后的日子，王立经常到史家来。这则故事在《夷坚志》卷四中可以查到，所说有志怪的感觉，但是毕竟是清楚记载烤鸭能手姓名的。

元破临安后，元将伯颜曾将临安城里的百工技艺徙至大都

（北京），烤鸭技术就是这样传到北京，烤鸭并成为元宫御膳奇珍之一。随着历史的变革和发展，汴京烤鸭之术，逐渐波及四方，各地又在此基础上进行改革和发展，形成了各自不同的风味和特色。

明代《宋氏养生部》载："炙鸭，用肥者全体燖汁中烹熟，将熟油沃，架而炙之。"这种制法，虽然与明代"金陵烤鸭""北京填鸭"有所不同，但颇有特色。用挂炉木炭所烤的鸭子，色泽金黄，皮脆肉肥，但鲜味不足，而将鸭子先用卤汁煮至初熟，使鸭子脂油溢出，熟而入味，再用热油浇炙，则皮脆肉鲜。明、清时代，烤鸭技术发展到精美的程度，不但对烤鸭的工艺要求更精、更细，而且对烤鸭所用的鸭子也要求专门饲养，因而就出现了鹅鸭城、养鸭房、养鸭场等专门喂养鸭子的场所。

焖炉烤鸭、挂炉烤鸭皆出于汴京

"无论是焖炉烤鸭也好，挂炉烤鸭也好，烧烤鸭子的技术，都有同一个根源——那就是北宋时的汴京（开封）。因为早在北宋时期，炙鸡、烤鸭都已是汴京名肴……"（《饮馔中国》）挂炉烤鸭传自山东，以"全聚德"为翘楚。焖炉烤鸭传自南京，以"便宜坊"为代表。在做法上，挂炉烤鸭以明火烤制，燃料为果木，以枣木为佳；焖炉使用暗火，燃料则为稻草、木板条等软质材料。在风味上，焖炉烤鸭因鸭子受热均匀，油脂和水分的消耗少，烤好后皮肉不脱离，色红亮，不见焦斑。滋味则外酥里嫩，一咬一嘴油，入口即化，而且鸭子体态丰满，肉量较多。挂炉烤鸭则焦香扑鼻，皮肉分离，片起来特别方便，也不油腻，缺点是鸭子的水分消耗大，所以肉质比较干，分量也较少。据说在 20 世纪 50 年代初期，全聚德还曾专程去开封聘请过烤鸭师傅，足证北京烤鸭与开封的关联。从《水浒传》的描绘里，我们也可以知道山东是北宋所辖的重点地区，与汴京往来频繁。如此说来，山东"鲁菜"的大厨，向汴京人学习烤鸭的技术，也就没什么好奇怪的了。

张伯驹在谈起开封菜的时候说汴京烤鸭"去瘦留肥，专以皮为主，烤法也与北京烤鸭不同"。他说的该是焖炉烤鸭了，焖炉烤鸭的特点是"鸭子不见明火"。所谓"焖炉"，其实是一种地炉，炉身以砖砌成，大小约 1 立方米。以往在焖烤鸭子前，用秫秸①将炉墙烧至适当温度后，将火熄灭，把鸭坯放在炉中的铁箅②上，然后关上炉门，全仗炉墙的热力将鸭子烘熟，中间不启炉门，不转动鸭身，一气呵成。由于纯用暗火，所以掌炉师傅务须掌握好炉内的温度，烧过了头，鸭子会被烤煳；火候不够，鸭肉又会夹生，吃来不是味。而在烧烤的过程中，

---

① 高粱的秆。
② 平而有孔隙的器具，用以蒸煮。

砌炉的温度由高而低，缓缓下降；在文火不烈且受热均匀的情况下，油的流失量小，故成品外皮油亮酥脆，肉质鲜嫩，肥瘦适量，不柴不腻。即使一咬流汁，也因恰到好处，特别诱人馋涎。

孙润田主编的《开封名菜》和河南省饮食服务公司编写的《河南名菜谱》两书中都记载了汴京（焖炉）烤鸭的做法：将鸭子宰杀放血后，放在六七成热的热水里烫透，捞出，用手从脯部顺掌向后推，把大部分毛煺掉，放在冷水盆里洗一下，用镊子镊去细毛，截去爪子和膀的双骨，抽出舌头。由左膀下顺肋骨开一个小口，取出内脏。从脖子上开口，取出嗉囊里外洗净，再用开水把鸭身里外冲一下。京冬菜①团成团，放入腹内。皮先用盐水抹匀，再用蜂蜜抹一遍，用秫秸节堵住肛门。在腿元骨下边插入气管，打上气，放在空气流通处晾干。用秫秸将炉烧热，再用烧后的秫秸灰，将旺火压匀。用鸭钩钩住喉管，另一头用铁棍穿住襻在外边，将鸭子挂在炉内，封住炉门，盖住上边的口。烤至鸭子全身呈柿红色，即可出炉。

烤熟的鸭子暂时不能吃，需要厨师片。片时，可以皮肉不分，片片带皮带肉，也可以皮肉分开，先片皮后片肉。将片好的鸭肉装盘，即可上席食用。

开封还有叉烧鸭，又名"叉烧烤鸭"，是"汴京烤鸭"中

① 京冬菜，山东日照著名特产酱菜，因曾进京供宫廷食用，故名"京冬菜"。

烤法之一。过去开封有的餐馆中不设烤鸭炉，就用叉烧的方法制售烤鸭。叉烧法是用烤叉叉上初步处理好的鸭子，架在炭火上烤熟，鸭皮香脆，肉质软嫩。将鸭皮、鸭肉、甜面酱、菊花葱、蝴蝶萝卜等，一起用荷叶饼卷着食用，颇具风味。

汴京烤鸭有多种吃法，通常是将烤熟的鸭子，趁热片成片，蘸甜面酱，加葱白，用特制的荷叶饼卷着吃；也可将酱和蒜泥拌匀，同烤鸭肉一起用饼卷着吃；喜食甜的，可以蘸白糖吃，味道也极佳。片净肉的鸭骨架还可以加白菜、冬瓜熬汤，别有风味。

无鸡不成席

　　《射雕英雄传》中一个名叫洪七公的叫花子，作为丐帮帮主，不但武功盖世，还有独门秘籍制作叫花鸡。1983 年版的《射雕英雄传》中，洪七公用一把黄泥包在鸡外边，加入独特配料，用火烤制，黄泥干裂而鸡肉烂熟，奇香扑鼻、美味无比。这洪七公的叫花鸡比我们老家的传统烧鸡要省事得多，烧鸡需要油炸这道工序，而叫花鸡却省去了油炸，直接烘烤；鸡肉在黄泥包裹之下不直接接触火，营养不流失，可谓道法自然。

　　作为家禽的鸡，抵挡不住它在世界上遍布足迹。有个老外，把鸡肢解成快餐，享誉全球。城乡的宴席，依然不会缺少熬炒鸡、料仔鸡这些菜肴。是啊，无鸡不成宴，无鸡不成席。

鸡肉原来可以这么吃

在中国，鸡有 N 种吃法，从古至今都是烹饪的主要肉食原料之一。历代鸡馔绵延不断，烹制技法也愈来愈精致、复杂，风味多变，不可胜数。先秦时，易牙有"五味鸡"。《礼记》有"濡鸡"，是鸡腹填充辣蓼叶，用肉酱烧制。《楚辞·招魂》中有"露鸡"，类似于卤鸡。《马王堆一号汉墓遣策》有"濯鸡"，相当于氽鸡片。《释名》有"鸡纤"，就是将腊鸡扯成细丝，用醋渍成。《齐民要术》有"白菹"，是鸡、鸭、鹅白煮去骨后切长方块，加紫菜，调盐、醋和肉汁而食。《新唐书》有"鸡球"，即鸡肉丸子。真正把鸡吃出境界和品位的还是宋朝，宋高宗到张俊府中曾吃过"润鸡"。清代《随园食单》《竹叶亭杂记》中记有"捶鸡"。

在宋代，鸡肉的地位要次于羊肉，据《东京梦华录》《梦粱录》《西湖老人繁胜录》等文献记载，菜肴有麻腐鸡皮、签鸡、炙鸡、小鸡元鱼羹、小鸡二色莲子羹、小鸡假花红清羹、撺小鸡、燠小鸡、五味炙小鸡、小鸡假炙鸭、冻鸡、八焙鸡、红熬鸡、脯鸡、大小鸡羹、焙鸡、煎小鸡、豉汁鸡、炒鸡、炕鸡、鸡丝签、锦鸡签、白炸鸡、蒸鸡、韭黄鸡子、鸡元鱼、鸡脆丝、笋鸡鹅、五味焙鸡等四十多种。

依据宋代文献的记载，我们还原几种鸡的做法。

先说夏冻鸡，这道菜是宋代夏日佐酒凉菜，以鸡肉为主料、羊头等为辅料，经调味煮熟后冷凝而成，是宋代出现的一道冷冻名菜。以往历代用鸡肉制菜，均以热煮食用。宋代在夏令时期，采用熟菜冷冻而食。据宋《事林广记》载，将鸡烫洗洁净，剁成块状，先入沸水中稍微煮一下，再投入一颗洗净的羊头至煮着鸡的锅中，同煮至鸡肉熟烂，下盐及料物煮至入味。羊头捞出不用，将鸡肉捞出、沥水，用油布包裹紧，置瓷器中，沉入井底令其冷透后取出食用，如同冬日所制一样。

现在做起来很容易，就是将肥鸡宰杀、煺毛去内脏（可以直接买超市里贩售的鸡），洗净，切成小块，经热油稍炸后取出。将羊头除去毛，洗净，同鸡块一起入锅煮熟，加盐和调料，煮好之后捞出羊头，把剩余的鸡肉放盘，直接置入冰箱零度保鲜，冷凝即成。

宋人消暑饮食很讲究，还有一道夏日菜叫麻腐鸡皮。孟元老在怀念故都美食的时候，想到"州桥夜市"时特别记载了麻腐鸡皮。这道菜滋味鲜美，清凉祛暑，被列入"夏月"菜肴之首。据开封名厨孙世增先生考证，"麻腐菜"是以芝麻酱和绿豆粉芡为主要原料，因它软嫩似豆腐，故称"麻腐"。绿豆粉，古人称"真粉"，宋代的名馔"玉灌肺"就是以它为主原料制成的。陈达叟在《本心斋蔬食谱》中，称赞以绿豆粉和姜丝做成的"粉羹"，热餐具有"消食化积"之功能，而冷饮还有

"清肺润腑"之效果，在宋代已经普遍食用了。将鸡肉与绿豆粉一起做成的麻腐鸡皮，筋光滑嫩、清鲜利口，风味别致、独具一格。

接着说宋朝人怎样吃鸡。我们知道了"炕羊"这道菜，还有一种类似的做法叫"炕鸡"。《西湖老人繁胜录》中有记载，炕鸡就是在平地挖坑，架火烧烤鸡。适合户外野餐，饭店或家宴直接用烤箱烹调。制作炕鸡，需全鸡一只，花椒盐、料酒、甜酱适量。先用花椒盐将鸡身内外擦透，腌一小时。沥干血水，涂以酒；等鸡表面稍干，再涂一层薄薄的甜酱。待入味，入烤箱内烤熟，斩成火柴盒大小块状，入盘即可上桌。此菜外脆嫩、内鲜香，口味醇美，风味迥异，宜过酒、下饭、吃粥。

说到吃粥，宋朝还有一道美食叫黄鸡粥，属于汤菜。是以剁碎鸡肉为主料，加适量米及料物炖煮而成的粥状食品。苏轼《闻子由瘦》诗开头句说："五日一见花猪肉，十日一遇黄鸡粥。"说的就是这种粥，可见苏轼对黄鸡粥是如此偏爱。做此粥以老母鸡为佳。

再说炉焙鸡，是以鸡肉为原料，经煮、炒、煨焙等多道工序制成的菜肴，无汁而酥香。《吴氏中馈录》记其制法是：取鸡一只，宰杀治净。先整只入沸水中煮至八成熟，捞出，沥去水，剁成小块。锅内添少量油烧热，将鸡肉块放入略炒。将锅盖严，烧至极热，加醋、酒、盐慢火煨制，待汁干后，再添少量酒煨之。如此数次，待熟透酥香即可食用。这道菜的要点是用微火烘、候干，再放酒、醋，如此数次，等鸡块酥熟，即可装盘上桌。此菜鸡块酥香，味道咸酸而酒香扑鼻，别具风味。

汴京风味鸡

豫东地区每年的八月十五，拜访亲戚者需要备六只或八只烧鸡，更有十二只者——全都是柴鸡，家里当年散养的笋鸡为最佳。说起这烧鸡啊，也是从北宋流传下来的，只不过当时叫爌鸭而已，换个家禽，同一种工艺。所谓爌，就是把食物埋在灰火中煨熟，草里泥封，塘灰中爌之。这与洪七公的叫花鸡有异曲同工之妙。这爌鸡到了清末时期随着制作工艺的改良才更名为烧鸡。在清末民初，开封的"北味芳""五味和""陆稿荐"和"马豫兴鸡鸭店"制作的烧鸡十分有名，不仅造型美观、色泽光亮，吃起来肉烂骨酥、味道醇厚，并且物美价廉，很受欢迎。

桶子鸡妇孺皆知，咱就不说了，介绍几种风味鸡。

酥鸡

这是用笋鸡做成的，煺毛开膛去脏后冲洗干净；鲜藕切成薄片。按照一层藕片一层鸡的次序，一层一层摆入铁锅，鸡头向外呈圆形；白糖、酱油、香醋均匀泼洒鸡身，中间圆洞内放入姜片、葱段、大料，加水适量，经武火攻沸。文火烧煮、微火煨焖，其间适时加入料酒、椒麻油即成。酥鸡色泽酱红，骨酥肉烂、酸甜适口。

风鸡

民国时期春节前百姓家中经常做，选公鸡为佳，从右翅下开一小口扒取内脏，收拾干净后灌入热椒盐并摇匀，置于案板腌制三天后用麻绳穿鼻，挂于阴凉通风处，风干十五天即成。吃的时候，先干拔羽毛，用酒燃火将细毛燎净，入温水浸泡，从背脊处劈开，加入葱、姜后笼蒸，切成条状装盘，淋上麻油调味。等于我们吃的是标本，造型美观、肉质坚韧。某日在李开周先生家中品茶，谈及风鸡，他说文献中有"风鱼"记载，直奔书房拿出《吴氏中馈录》翻开，果然有"风鱼"的记载，而且做法与现在开封"风鸡"的做法差不多，只不过换了食材而已。

糟鸡

糟鸡与酒有关，开封人与酒有深厚的感情，渊源颇深。自宋代以来，开封人以豪饮闻名。北宋东京城内酒店林立，这鸡加上酒，味道可就不一样了。制作糟鸡需要先把火鸡宰杀去毛，净膛余洗，佐以葱姜料酒，用文火煨煮后，取出斩块，再用精盐、味精拌和，取酒糟、葱丝、姜末、花椒加鸡汤少许搅拌均匀，置入坛底，逐层洒上曲酒，再把剩下的配料装入纱袋覆盖其上密封坛口，一天后即可食用。糟鸡色鲜肉嫩，酒香扑鼻，芬芳浓郁，味美绵长。民国时，开封九鼎饭庄的糟鸡最有名。

只有"土豪"可以吃羊肉

曾经有一段时间,阅读《水浒传》时弄不明白为何里面的豪侠点的餐多是牛肉,但是牛是重要的生产工具,宋朝政府禁止宰杀耕牛,水泊梁山的好汉反其道而行之,正是想突出好汉们与法律、强权斗争的精神。《水浒传》故事发生的年代正是宋徽宗执政时期。崇宁年间(1102—1106),有个谏官叫范致虚,他提了一条建议,说皇上生肖属狗,人间不宜杀狗吃狗肉,宋徽宗欣然接受,严令禁止屠狗,并规定全国一律不准吃狗肉。那些卖狗肉的小商小贩出摊的时候,也总是在摊位上悬挂着羊头来躲避官府的检查。"挂羊头卖狗肉"这句成语就是从那时候流传下来的。宋代酒馆卖的大多数是牛肉,羊肉在山寨里也多次出现,而宋江行走江湖,好汉们都是拿羊肉来款待宋江,在当时可是最好的菜肴了,普通百姓很少能吃到羊肉,就算一些餐馆门口挂的有羊头,依旧是买不到羊肉。

宋人以食羊肉为美事

在宋代，羊肉是最贵重的食品。无论皇宫还是民间，无不把吃羊肉当作一件美事。王安石在《字说》中解释"美"字说，从羊从大，大羊为美。据宋代《政和本草》载，食羊肉有"补中益气，安心止惊，开胃健力，壮阳益肾"等良效。所以，皇室的肉食消费，几乎全用羊肉，而从不用猪肉。

北宋建立不久，定都于杭州的吴越国最后一位国王钱弘俶去东京城朝拜宋太祖赵匡胤，宋太祖命令御厨烹制南方菜肴招待，御厨仓促上阵，"取肥羊肉为醢"，一夕腌制而成，叫作"旋鲊①"，深受宋太祖及客人欢迎。因此，宋代皇室大宴，"首荐是味，为本朝故事"。这道"旋鲊"菜肴严格说来，根本称不上"鲊"，至多也只是短期腌制品而已。不过，说明羊肉做鲊在宋代开始很早，而且成为御宴首选菜肴。

"旋鲊"这道菜具有汁浓不腻、鲜嫩味醇的特点。随着宋室南迁，"旋鲊"这味菜肴也传入杭州，成为南宋宫廷宴席上不可缺少的名菜。岳飞的孙子岳珂在回忆参加南宋宁宗皇帝生日宴说："是岁，虏方（指女真）挐兵北边，贺使不至，百官

---

① 音同"眨"，泛指腌制品。

皆赐廊食。余待班南廊，日已升，见有老兵持二髹牌至，金书其上曰：'辄入御厨，流三千里。'既而太官供具毕集，无帟幕限隔，仅以镣灶刀机自随，绵蕞檐下。侑食首以旋鲊，次暴脯，次羊肉，虽玉食亦然。"（参阅《桯史》卷八《紫宸廊食》）

陆游在《老学庵笔记》也记载了淳熙年间（1174—1189）孝宗在集英殿宴请金国使节时，其中第九盏就是"旋鲊"。《武林旧事》卷九《高宗幸张府节次略》载，绍兴二十一年（1151）十月，家住杭州清河坊的南宋名将张俊，在他的府第宴请宋高宗的筵席上，有"脯腊一行"十味，也有"旋鲊"一道。由此可见，这羊肉美食也仅在宋代社会的高层人士才可以享受。

其实，在宋代，宫廷食羊肉不但是习惯，而且还上升到作为宋朝"祖宗家法"之一的高度。宋太祖以来，宫中圈养公猪，用其血以治妖术。《后山谈丛》所言："御厨不登彘①肉。"李焘记载辅臣吕大防为宋哲宗讲述祖宗家法时说："饮食不贵异品，御厨止用羊肉，此皆祖宗家法所以致太平者。"《东轩笔录》记载，宋仁宗特别"思食烧羊"，甚至达到日不吃烧羊便睡不着觉的地步。

所以，为供应皇宫，东京城每年要从陕西等地运来数万只

---

① 彘：猪的别名。

羊。宋仁宗时，皇室中食用量达到最高额，竟日宰羊二百八十只，一年即十万余只，食用量之大是惊人的。

最美不过是"炕羊"

宋孝宗曾为起居郎（朝廷记事官）胡铨在宫中摆过两次小宴，第一次以"鼎煮羊羔"为首菜，第二次为"胡椒醋羊头"与"炕羊炮饭"（"炕羊炮饭"类似烤全羊）。孝宗一边吃，一边赞道："炕羊甚美。"（参阅《经筵玉音问答》）炕羊就是用全羊入地炉烧烤而成。这是古代北方少数民族最早采用的一种制法。

炕羊的制法，宋代古书无记载，参照明代《宋氏养生部》所载"炕羊"的制法，就是掘地三尺深作井壁，用砖砌高成直灶，中间开一道门，上置铁锅一只，中间放上铁架，将宰杀、洗净的整只小羊，用盐涂遍全身，加地椒、花椒、葱段、茴香腌渍后，用铁钩吊住背脊骨，倒挂在炉中，覆盖大锅，四周用泥涂封。下用柴火烧，至井壁及铁锅通红，再用小火烧一二小时后，将炉门封塞，让木柴余火煨烧一夜即成。成菜滋味极鲜，香味浓郁。

在宋代，民间也视羊肉为贵重食品，而且以羊肉为原料的菜肴也是丰富多彩。据《梦粱录》载，北宋京都饮食店的羊肉菜肴有旋煎羊白肠、批切羊头、乳炊羊肫、炖羊、闹厅羊、羊角、羊头签等,南宋临安饮食店有蒸软羊、鼎煮羊、羊四软、绣吹羊、羊蹄笋等。据统计,宋代以羊肉为主要原料制成的菜肴不下四十种。

苏文竟然可以当肉吃

《老学庵笔记》上记载了当时的一则歌谣:"苏文熟,吃羊肉;苏文生,吃菜羹。"意思是,如果把苏东坡的文章弄通了,可以当官吃羊肉,否则,只能乖乖喝剩菜汤去,反映了宋代科举制度的特点。自南宋以降,苏轼、苏辙的文章备受推崇,而《文选》遭到冷落,所以这时传唱的不是"文选烂,秀才半",而是以苏文为上,是否将苏氏文章背熟就可决定这些士子将来的命运。而能否吃到羊肉,是宋朝人生活质量高低的一个标志。

苏轼信札还可以换羊肉呢!据说苏轼在杭州任上,结交了一位名叫韩宗儒的朋友。两人分手后互通书信。苏轼写给韩宗儒的信,字迹流利精美,称得上是书法中的珍品。韩宗儒对苏轼给他的书信十分珍视,从不轻易给人看。韩宗儒的老师名叫姚麟。这位姚老先生喜爱"苏字"成癖,非常想得到苏轼亲笔写的字,所以千方百计,四处搜求。当他得知自己的学生韩宗儒是苏轼的朋友,两人之间常有书信往来时,便暗暗盘算,想从韩宗儒手里弄到几封苏轼写给他的书札。用什么办法达到目的呢？姚麟想来想去，想到他这位学生有个毛病——嘴馋贪吃，特别爱吃羊肉。于是，他就一再向韩宗儒提出相赠几件苏轼书札的要求。同时，他不断主动地给韩宗儒送去肥羊肉。起先，韩宗儒还不肯答应，可是，经不起老师的死赖活缠，加上羊肉实在味美，吃人嘴软，最后，师生二人达成交易：姚老先生得到了苏轼给韩宗儒的若干书札，韩宗儒则吃到了更多的肥羊肉。

宋代吃羊肉者多为"土豪"

宋代一般公务员是吃不起羊肉的，按照工资规定，衙门的三班每月薪水是七百钱，另加羊肉半斤。北宋祥符年间，有一个人在驿馆的房间墙壁上题了一首诗："三班奉职实堪悲，卑贱孤寒即可知。七百料钱何日富？半斤羊肉几时肥？"朝廷闻之，谓如此清廉，遂议增俸。意思是朝廷听到这样的说法，就回复说：如果不高薪养廉，如何要求三班廉洁呢？

大宋帝国的高层通过加薪叫小吏也能多吃到羊肉。宋代羊肉有多贵？先看一首诗吧，苏州因为羊肉太贵，吴中地区一小吏诗曰："平江九百一斤羊，俸薄如何敢买尝？只把鱼虾充两膳，肚皮今作小池塘。"

　　宋代羊肉一直都很贵，想吃吃不起，宫廷或高级干部才可以吃到。如此看来，还不如我们现在开封市民滋润，十块、二十块就可以到街上喝上一碗羊肉汤，还可以添些白肉。

烧臆子：此味只应天上有

　　大概每隔几年，"二师兄"（猪）的身价便不断上涨，吃货们冒着"三高"的风险，满足口舌的滋润。从古至今，"二师兄"就伴随人类的味蕾不断成长。古人造字的时候，"家"不就是屋檐下有一头猪吗？有猪才算是家，有猪肉吃，才是小康生活啊！小时候，邻居福哥是个屠夫，几乎每天都要宰杀生猪，晚上煮肉的香味令人垂涎三尺。后来看到央视纪录片《舌尖上的中国》总导演、美食专栏作者陈晓卿的一句话，让人深深同情他。他说："对美食的享受，很大程度上会受相关背景的影响。《东京梦华录》里讲到烧臆子，我就特别想去开封，到了开封之后专门去找，但再也吃不出书里的味道。"是啊，当我们抱怨肉没小时候香的时候，除了食材本身的速生长之外，更多的是，我们肚子里面有了"油水"而淡化了食物的味道。这烧臆子啊，可是开封的一道名菜，一般厨师还做不成呢。

宋代猪肉很盛行

如果仔细看《清明上河图》或耐心阅读《东京梦华录》，您就会发现，这两个开封文化符号中竟然多处出现关于猪的描绘。市井开封，风情万种，这"二师兄"有什么好描述的呢？人与自然的和谐相处，也不需要猪来点缀风景啊。后来，笔者阅读其他宋代笔记或文献，发现关于猪、关于猪肉竟然有这么多好玩的记载。宋太宗时期，"京畿民牟晖击登闻鼓，诉家奴失锻豚一，诏令赐千钱偿其直"（参见《续资治通鉴长编》卷三四）。开封市民牟晖的家奴看管猪时丢失了一头，被牟晖起诉到当时的最高统治者宋太宗那里，太宗诏令赐给一千文钱作为赔偿猪的价格。身为皇帝可以说是日理万机，连丢失一头猪这种小事都要过问，这就说明"二师兄"地位非同寻常。甚至当时的相国寺也有高僧惠明烹煮猪肉，佛门圣地也未能免俗，时人戏曰"烧朱院"，证明了惠明和尚庖炙的猪肉"尤佳"。可见悄悄从事该行业已经很久，否则不会做出如此味道鲜美的猪肉。

宰相王旦生日，宋真宗一次就赐猪一百头。《清明上河图》中有五头大猪，在街上大摇大摆，旁若无人。这说明民间"二师兄"横行，市井百姓习以为常。王禹偁记载了开封城郊的养猪状况："北邻有闲园，瓦砾杂荆杞。未尝动耕牛，但见牧群豕。"那时候都是散养，没有添加饲料。

宋代不但民间养猪多，宫廷也养猪，其目的除了祭祀之外，还有另一种意想不到的功能——辟邪："神宗皇帝一日行后苑，见牧豭豚者，问何所用。牧者对曰：'自祖宗以来，长令畜之，自稚养以至大，则杀之，又养稚者。前朝不敢易，亦不知果安用。'神宗沉思久之，诏付所司，禁中自今不得复畜。数月，卫士忽获妖人，急欲血浇之，禁中卒不能致。神宗方悟太祖远略亦及此。"（参见《宋人轶事汇编》）从宋太祖时期，宫廷就养猪辟邪，原来猪血可以破妖术。宋神宗熙宁年间，宋廷计划大规模改造京师开封，但"鉴苑中牧豚及内作坊之事，卒不敢更"（岳珂《桯史》），因为猪而影响了城市规划，他们害怕动了猪圈而影响宫廷的平安。

张齐贤贵为宰相，对猪肉有着特别的嗜好。史料记载："张仆射齐贤体质丰大，饮食过人，尤嗜肥猪肉，每食数斤。"（参见欧阳修《归田录》）一顿饭能吃几斤猪肉，确实少见。苏轼也爱吃猪肉，并且发明了一道特色菜"东坡肉"。这道菜不但是宋朝名菜，至今仍颇受欢迎。在北宋东京，民间所宰杀生猪都要从南熏门进城，"每日至晚，每群万数，止数十人驱逐，无有乱行者"。瓠羹店门前"上挂成边猪羊，相间三二十边"。《东京梦华录》苏轼的《猪肉颂》更直言猪肉便宜，老百姓都吃得起："净洗铛，少著水，柴头罨烟焰不起。待他自熟莫催他，火候足时他自美。黄州好猪肉，价贱如泥土。贵者不肯吃，贫者不解煮。早晨起来打两碗，饱得自家君莫管。"

《宋史·仁宗本纪》记载："仁宗宫中夜饥，思膳烧羊。"说的是宋仁宗赵祯半夜肚子饿，想吃烧羊肉。羊肉多是宫廷食用，普通百姓只有吃猪肉。猪肉物美价廉，于是便产生了诸多猪肉美食。例如，陆游《蔬食戏书》"东门彘肉更奇绝，肥美不减胡羊酥"就大大赞美烧烤猪肉，认为其味美不亚于烧羊肉。

慈禧太后点赞烧臆子

北宋京都设在开封，当时街市繁华无比，官商行旅人口稠密，饮食业高度发达。名菜中有一种用炭火烤制的猪胸叉肉，是官场应酬时常点的大菜，它就是今天开封市"烧臆子"的前身，后来因时代变迁而一度失传。在孟元老的《东京梦华录·饮食果子》一节中还可以找到当时的记载："鹅鸭排蒸、荔枝腰子、还元腰子、烧臆子……"

1901年十一月十二日，西狩回京的慈禧和光绪途经开封，一行人在开封停留了三十二天，开封名厨陈永祥主办御膳。慈禧后来行至豫北淇县仍余味未尽，禁不住再次特招陈永祥去办御膳。在淇县，陈永祥一改开封菜肴，精心制作"烧臆子"。

他曾按照文献记载摸索烹制北宋名菜"烧臆子",受到一些达官贵人的称赞。慈禧太后品尝陈永祥做的这道菜后非常满意,倍加欣赏,特意召见他,仔细询问此菜由来。太后知道"烧臆子"是北宋皇家菜肴后,更加高兴,赏了陈永祥许多金银。陈永祥由此获得了"御厨"的称号,名声大振。

陈永祥是开封人,他还有另一道经典名菜——"套四宝",是在传统名菜"套三环"的基础上改进而成。后其嫡孙陈景和、陈景旺兄弟继承和发展了这一绝技,使菜肴的色香味形更为完美。"套四宝"便成开封的传统菜肴,堪称"豫菜一绝"。

烧臆子的制法是这样的:需要将猪的胸叉肉切成上宽二十五厘米、下宽三十三厘米、长四十厘米的方块,顺排骨的间隙戳穿数孔,把烤叉从排面插入,在木炭火上先一面烧透,然后用凉水将肉浸泡三十分钟,取出,顺着排骨间隙用竹签扎些小孔,俗称放气,便于入味,再翻过来烤带皮的一面。边烤边用刷子蘸花椒盐水(事先用花椒与盐加开水煮成)刷在排骨上,使其渗透入味。烤四小时左右,至肉的表面呈金黄色、皮脆酥香时离火。陈家烧臆子还要刷上两层香醋,香醋可以使皮变得酥脆。趁热用刀切成大片,装盘上席即成。这时仍可听见烧肉吱吱作响。吃时配以"荷叶夹"和葱段、甜面酱各一碟。成菜色泽金黄,皮脆肉嫩,香味浓厚,爽口不腻。愈嚼愈有味,满口生香,久而不散,实在令人大开胃口。

签菜：从北宋流传下来的豫菜名菜

我对签菜的认知原来比较模糊，以为从熟食店买来的牙签肉、鸡肉、羊肉用牙签穿起来油炸之后就是签菜了。我还在一位兄长家吃过牙签里脊串，那是第一次带着女朋友到同事家里做客，他们专门做了这样一道菜。里脊肉切成片，用生抽等调料腌制，再一片片穿到牙签上，过热油，炸至焦黄即可，吃起来香酥味美。后来，寻味开封，立志做一个资深吃货的时候忽然发现，多年来我竟然搞错了，我陷入了字面意思的误区。签菜与牙签无关，原来是一类菜的总称，还属于高档菜肴呢！

何为签菜

笔者读到一段文字，源自司膳内人《玉食批》，大约是宋孝宗做太子时高宗赐他的"功能表"，如果只看菜名，里面有

"羊头签止取两翼，土步鱼止取两腮。以蝤蛑为签、为馄饨、为枨瓮，止取两螯，余悉弃之地，谓非贵人食……"太子所吃甚是浪费，羊头只取两翼，"翼"应作"颐"，即脸肉；"蝤蛑"就是梭子蟹，也可以做成签菜。说明太子饮食取料之精选奢侈，但也说明了"签""馄饨""枨瓮"都是以肉为原料的食品。"馄饨"比较好懂，"枨瓮"是什么？原来，"枨瓮"即"橙蟹"，这在《山家清供》里有记载，就是把橙子掏空，塞进蟹肉烹制。这就证明签和馄饨、枨瓮一样，都是一种包馅的东西。

签菜可以上溯到古膳食八珍之一的肝膋，就是以网油蒙于肝上，烤炙而成。《礼记·内则》："肝膋，取狗肝一，幪之以其膋，濡炙之，举燋其膋，不蓼。"郑玄注："膋，肠间脂。"取狗肝用肠间脂包好，放火上炙烤，待肠脂干焦即成。宋代的签菜就是由肝膋发展演变而来。宋代有一种菜看相当风行，即"签"，"签"在古时解释为"籯①笼"，即一种圆筒状包裹馅料、像筷子的食品。两宋的酒楼中叫"签"的菜很多，如在《东京梦华录》中就记有细粉素签、入炉细项莲花鸭签、羊头签、鹅鸭签、鸡签等；在《梦粱录》中有鹅粉签、荤素签、肚丝签、双丝签、抹肉笋签、蝤蛑签等；在《武林旧事》中，记有奶房签、羊舌签、肫掌签、蝤蛑签、莲花鸭签等；在《西湖

---

① 此处音同"莹"。

老人繁盛录》中，记有荤素签、锦鸡签、蟢蚸签等。宋代的签菜深受吃货的喜爱，宋代洪巽《旸谷漫录》记载了一则事例："厨娘请食品、菜品资次，守书以示之。食品第一为羊头金，菜品第一为葱虀。""羊头金"就是"羊头签"。

到了元代，签菜亦称"鼓儿签子"，被视为奇珍异馔而为宫廷菜肴。元《饮膳正要》载鼓儿签子做法：羊肉（五斤，切细）、羊尾子（一个，切细）、鸡子（十五个）、生姜（二钱）、葱（二两）、陈皮（二钱，去白）、料物（三钱）上件，调和匀，入羊白肠内，煮熟切作鼓样，用豆粉一斤、白面一斤、咱夫兰一钱、栀子三钱，取汁，同拌鼓儿签子，入小油炸。鼓儿签子酥脆可口。这里的鼓儿签子还是沿袭宋代签菜的做法，只是原料有所变化而已。

签菜与牙签无关

宋菜中称"签"的有很多，有人臆断为原料切成牙签状制作的菜，还有学者称签就是主料切成细丝的羹汤。杭州市饮食服务公司宋菜研究组依据史料及有关研究成果，同开封市饮食研究所一起探讨和考察了宋时流传至今的开封签子菜，从而纠正了"签菜即牙签状菜"的说法，确认《博雅》所说的"签，籯笼也"，即签是把原料采用像筷筒一样包拢起来所制作的菜。

按照开封传承下来的做法，以签命名的菜一般是主料切丝，加辅料蛋清糊成馅儿，裹入网油卷蒸熟，拖糊再炸，改刀装盘。

《朱子语类》卷第一百三十载："介甫每得新文字，穷日夜阅之。"这个王安石喜欢吃羊头签，"家人供至，或值看文字，信手撮入口"，直接下手捏了，连筷子都不用。在这里我们得知：签本该用筷子夹着吃的，王安石因为"看文字"而没有时间，就信手撮入口中。

《宋稗类钞》下册《饮食》中描述了一位厨娘制作羊头签的过程："厨娘操笔疏物料：'内羊头签五分，各用羊头十个；葱蘸五碟，合用葱五斤，他物称是。'守固疑其妄，然未欲遽示以俭鄙，姑从之，而密觇其用。翌旦，厨师告物料齐。厨娘发行奁，取锅铫盂勺汤盘之属，令小婢先捧以行。璀璨溢目，皆白金所为，大约计六七十两。至于刀砧杂器，亦一一精整。旁观啧啧。厨娘更围袄围裙，银索攀膊，掉臂而入，据坐交床，徐起，取抹批脔，惯熟条理，真有运斤成风之妙。其治羊头签也，漉置几上，别留脸肉，余悉置之地。众问其故，曰：'此皆非贵人所食矣。'……凡所供备，芳香脆美，济楚细腻，难以尽其形容。食者举箸无余，相顾称好。"从这里我们可以看出，"羊头签"主要用羊脸肉，其味道"芳香脆美"。吃"签"这种菜得用筷子，除非您学王安石下手捏。

开封传承正宗的北宋签菜

1981 年春节，在商业部召开的烹饪书刊编辑工作座谈会上，来自开封的名师孙世增特地做了一道签菜，大致工序是：吊蛋皮，卷馅，油煎。流行开封的签菜与北宋东京签菜仍有师承关系，开封签菜的制作方法别具一格。以炸鸡签为例：先将鸡脯肉切成细丝，用湿粉芡、蛋清、葱椒及佐料一起拌成馅；再以花油网裹馅成卷，上笼蒸透，外面再挂一层蛋糊，入油锅炸至呈柿黄色，然后切成象眼块装盘，撒上花椒盐即可食用。

再以地方传统名菜肝签为例，以猪肝为主料，以鸡胸肉为辅料，用猪网油卷后，经蒸、炸而成。生猪肝切成细丝，放进开水锅里稍烫一下，用水淘凉，握干水分，与加入调料的鸡肉糊放在一起搅匀后分成几份。猪网油片平放在案板上，抹一层蛋清糊，顺长放一份肝丝和鸡肉糊。将猪网油的两头折起，卷成直径约两厘米的卷，放在盘内上笼蒸熟，取出放凉，再抹上一层蛋清糊。炒锅置旺火上，添入花生油，烧至七成热时放入肝卷，炸呈柿黄色酥脆时捞出，切成四厘米长、一厘米厚的斜刀块，装盘即成。外带花椒盐蘸食，此菜特点是焦嫩鲜香，为佐酒佳肴。

孙润田主编的《开封名菜》里有一道炸腰签，就是按照北宋传承下来的做法，以腰子为原料，一般用猪油网为皮，包裹成筒状，上笼蒸透，再放入七成热的油锅中炸呈柿黄色捞出，切成一厘米宽的斜刀块，装入盘中，外带花椒盐食用。

五色板肚与北宋"爓物"

到北京，寻小吃，朋友推荐老北京的卤煮，说是源于宫廷，距今已有两百多年历史。他说的是陈记卤煮小肠，最初是卖清宫廷御膳苏造肉，为适应平民百姓食用，将主要原料五花肉改成了廉价的猪下水，特别是以猪肠为主，变为"卤煮小肠"。"肠肥而不腻，肉烂而不糟，火烧透而不黏，汤浓香醇厚"，堪称一绝。吃起来很可口，叫人不禁想起了汴京的风味小吃。

五色板肚源于北宋的"爓物"。关于爓，《说文》说，"温器也……和五味以致其熟也"。"爓物"就是后世的卤味，置鸡、鸭、鱼肉于器中，和五味以文火细煮，以致其熟。《东京梦华录》卷之三《马行街铺席》记载："北食则矾楼前李四家、段家爓物、石逢巴子，南食则寺桥金家、九曲子周家，最为屈指。"孟元老专门指出了北宋东京矾楼前有一家姓段的店主开的北食店卖"爓物"——也就是卤煮食品，在京城首屈一指，味道是一流的！在北宋，当时市场上已明确标明"南食店""北食店"了，表明中国菜肴的主要风味流派在宋朝时已具雏形。这卤煮食物相当受市场欢迎，不但位置好，而且味道好，南渡多年之后还叫孟元老念念不忘它的美味。

百岁寓翁《枫窗小牍》卷上记载："旧京工伎，固多奇妙，即烹煮盘案，亦复擅名。如王楼梅花包子、曹婆肉饼、薛家羊饭、梅家鹅鸭、曹家从食、徐家瓠羹、郑家油饼、王家乳酪、段家爊物、石逢巴子南食之类，皆声称于时。"这百岁寓翁名叫袁褧，他在南迁之后回忆北宋京城，记载了关于"爊物"等美食的回忆。

在开封民间至今还流传着另一个版本的"爊物"故事，与鲁智深有关。话说这鲁智深还是鲁达的时候，在渭州小种经略相公手下当差，任经略府提辖，有一次去酒馆喝酒，替金氏父女出气，三拳打死了郑屠户，后被官府追捕，逃到五台山削发为僧，改名智深。却又因酒大闹五台山，长老便介绍他去东京大相国寺，长老的一个师弟在那儿当长老。大相国寺的长老也不敢把鲁智深放在庙里，只派他去酸枣门外看守菜园。几个泼皮无赖被他教训之后，个个心服口服。这鲁智深每日率众舞枪弄棒，练拳习武。当时汴河南岸有一家"五舍"号酒店，擅长卤制各种下水，众泼皮每日于"五舍"号买些卤肚孝敬鲁智深。酒肉穿肠过的花和尚，甚是欢喜。他经常邀请江湖朋友来吃酒品菜，这"五舍"号酒店的卤肚就此闻名。（参阅《开封

市食品志》，1986 年油印本）

到了清光绪年间，祖籍江南的一位陈姓酱肉师傅来开封，在山货店街开办了"陆稿荐"酱肉店，他别出心裁，佐以多种配料，把南方风味与北宋"五舍"号卤肚风味相融合，精心制作出板肚，因其刀口断面呈红、白、黄、绿、褐五种颜色，于是就取"舍"的谐音称之为"五色板肚"。开封"五色板肚"表面平整，棕黄光亮，咸甜适口，醇香味厚。

五色板肚制作工艺较为复杂，必须选取新鲜猪肚，经加工修剪、浸泡整理干净，精选肥瘦比为三比一的猪肉，剔除筋膜，切成丁状，佐以精盐、白糖、料酒、上等香料等进行腌制，然后配以香菜、松花蛋装入猪肚中，将切口封严，经卤制重压透凉而成。吃的时候切成薄片装盘，味道独特，诱人食欲，既可宴席待宾客，又可家中做佳肴。

汴京火腿：宗泽制作的"家乡肉"

　　我一直觉得汴京火腿与金华火腿有着一定的联系，就像开封与杭州一样，大宋分南北，这火腿是不是也与大宋有关联呢？

　　汴京火腿俗称"咸肉"，在开封已经有八百多年的生产历史。汴京火腿皮薄肉嫩、颜色嫣红，肥肉光洁、色美味鲜，气醇香，又能久藏。清代赵学敏著的《本草纲目拾遗》中称，"咸肉味咸，性甘平，有补虚开胃、平肝运脾、活血生津、滋肾足力之功效"。

　　汴京火腿和金华火腿该是同根同源，为什么这么讲呢？二者都牵涉到一个人和一件历史大事——宗泽和东京保卫战。北宋末年，金兵大肆入侵中原，于公元 1127 年南渡黄河，不久攻占了北宋都城东京。金兵在东京城内，杀害百姓，掳掠财物，无恶不作，就连宋徽宗和宋钦宗两个皇帝都当了他们的俘虏，北宋灭亡。康王赵构 1127 年五月宣布即位——这就是宋高宗——后来又继续南逃，建都临安。

宗泽，浙江义乌人，是一位著名的抗金将领，岳飞最初就是在他的赏识和提拔下，逐渐成长起来的。赵构逃跑时，任命宗泽担任东京留守。宗泽招募人才，整顿军队。东京沦陷后，王彦率领的子弟兵们义愤填膺，个个在脸上刺下"赤心报国，誓杀金贼"八个字，立誓要抗击金兵，收复失地，这就是"威震河朔"的"八字军"，后接受宗泽的领导。

传说宗泽收复东京以后，到建康（今江苏南京）向宋高宗报捷，顺便回到金华、义乌，去探望"八字军"的家属。乡亲们听说宗泽和"八字军"打了胜仗，家家户户赶紧杀猪做酒，请宗泽带去慰问子弟兵。宗泽看着乡亲们送来这么多猪肉，十分为难：东京离这里路途遥远，这么新鲜的猪肉，如何带得了？可是，乡亲们如此热爱子弟兵，盛情难却呀！于是，他想出一个主意，派人找来几只大船，把猪肉放在船舱里，然后放上硝盐，带回了东京。

宗泽回到东京，"八字军"将士纷纷前来打探家乡父老的情况。宗泽高兴地说："家乡父老们都很好，希望大家英勇地抗击金兵。你们看，乡亲们还叫我带来好东西慰问大家！"说着，宗泽叫人打开船舱，只见里面都是腌制好的猪肉，色红如火，发出一阵阵香味。大家赶紧把这猪肉做成菜肴，吃上一口，满口泛香，人人赞不绝口，精神振奋，都来问宗泽："将军，这猪肉怎么这样好吃呀！"宗泽笑说："这就叫'家乡肉'。"大家听了，不由得说道："是呀，今天吃了家乡的肉，抗金的斗志就更高涨啦！"于是，人们就管这种猪肉叫作"家乡肉"。

过了几天，正巧宋高宗来到东京慰问宗泽和"八字军"。宗泽就把这些猪肉烧成各种菜肴，请宋高宗品尝。宋高宗看着这一盘盘火红的菜肴，十分高兴，等吃到嘴里，味道十分鲜美，就问宗泽："这是什么菜呀，又好看，又鲜美？"宗泽笑呵呵地回答道："陛下，这是'家乡肉'，是从家乡带来的猪腿肉。"宋高宗赞不绝口地说："好一个家乡猪腿肉！你看它，色红如火，如火之腿，就叫它火腿吧！"

火腿之名是在开封诞生的，无论金华火腿还是汴京火腿，其原产地都是汴京。汴京火腿，就此在开封盛行，成为古城一道传统风味食品。民国初年，以"北味芳"所制的汴京火腿最为著名。

汴京火腿选择鲜猪后腿，修割成型后呈扁平椭圆状，分大爪、上腰、中腰、腿角等几个部位，佐以料酒、硝盐少许，香料多味，上盐反复揉搓，翻罐多次，腌制二十五天左右，再经适度晾晒风干而成。外表干燥清洁、质地密实，肥肉洁白，瘦肉嫣红，色美肉嫩，醇香味鲜。汴京火腿有多种吃法，可以单独装盘，也可以配蔬菜，可以蒸、煮、炒、炖、煨，还可以烧汤，每一种做法吃起来都令人回味无穷，这就是汴京火腿的魅力。

杞忧烘皮肘与琥珀冬瓜

杞县虽说是个县城，但用阿Q的话讲"我祖上比你阔"，是的，古时曾经很牛，为杞国，今天所说的这杞忧烘皮肘就与杞国深有关联。琥珀冬瓜更是与北宋旧都开封有关。这一荤一素皆有传说和文化，泡一壶茶暂且慢慢品味吧。

何以解忧，唯有烘皮肘

小时候听到杞人忧天的传说，不以为然，现在看来，古代的杞人真是有先见之明啊，雾霾天气的持续使今人也开始"忧天"。列子在其著作中记载了当年的杞国人是如何忧天的，"杞国有人忧天地崩坠，身亡所寄，废寝食者"（《列子·天瑞》）。列子没有介绍后续的事情，这忧天人最后是怎么释怀了呢？原来竟是这样一道美食——烘皮肘，治好了他的心病。

在杞县当地，传说是这样的，比列子叙述得详细。很早之前，古代的杞国是天地的中心，叫中天镇，到了春秋战国时期改名为杞国。杞国地理位置重要，乃兵家必争之地。杞国又是烹饪始祖伊尹长眠之地。当时杞国有一老者，整日里胡思乱想，怕这怕那，忧心忡忡。有一天他到女儿家去做客，酒足饭饱之后回家去，刚走至半途，突然天下起暴雨来。一时间，狂风骤起，电闪雷鸣，天陡然黑了下来。这老人双手抱头，哆哆嗦嗦，龟缩在一棵大槐树下，忽然"轰隆"一声炸雷，顿时把老人吓得昏了过去。天晴之后，他儿女四处找寻，好不容易把父亲找了回来。从此后，老人又多了一个心病，他预言终有一天天会塌下来。儿女们为了治好老父亲的病，回去请医问药，好不容易治好了风寒症。可新增的心病怎么也治不好，儿女虽然费尽了力，破费了不少钱财，可老人家的病却日益严重。老人家整日忧愁，闷闷不乐，害怕天塌下之后，人们将会遭受灭顶之灾。因此，日复一日，茶饭不思，身体逐渐消瘦。

他的一个好朋友知道他担心天塌下来，就想宽宽他的心，便把他邀请到府中以理相劝。老者的朋友是个厨师，他明白老者因为"忧天"而焦虑过度，伤及胃脾，致使食欲不振，于是就特意飨以自制美味"烘皮肘"。猪肘瘦肉多，本就好吃，烧烘时加冰糖、银耳以润肺清火，加枸杞以补肾，加红枣以补肝，加黑豆以壮筋，加莲子以补脾胃。竟使得老者在茅塞顿开之后，食欲大增。此菜不但味美，而且补虚健身，可以延年益寿。老者回家后命人如法炮制，一日一餐，忧虑渐消，身体很快恢复健康。此菜传开后，成为杞国的一道地方名菜，故取名"杞忧烘皮肘"。

杞忧烘皮肘取料讲究，制作精细。取一斤半重左右的猪前肘，将肘子皮朝下放在铁笊篱上，放在旺火上，燎烤十分钟左右，放入凉水盆内，将黑皮刮净；再把肘子皮朝下放在笊篱中，上火燎烤。如此反复三次，肉皮刮掉三分之二。再将刮洗干净的肘子放汤锅里煮五成熟，捞出修成圆形，皮向下偷刀切成菱形块，放碗内，将切下来的碎肉放在上面。将泡煮五成熟的黑豆和洗净的枸杞放碗内，上笼用旺火蒸两小时。红枣两头裁齐，将枣核捅出。莲子放在盆内加入开水和碱，用齐头炊帚打去外皮，冲洗干净，截去两头，捅去莲心，放在碗内，加入少量大油，上笼蒸二十分钟，取出滗去水分，装入枣心内，再上笼蒸二十分钟。锅内放入锅垫，把蒸过的肘子皮朝下放锅垫上，添入清水两勺，放入冰糖、白糖、蜂蜜，把装好的大枣放上，用大盘扣着，大火烧开，再移至小火上半小时。呈琥珀色时，去掉盘子，拣出大枣，用漏勺托着锅垫扣入盘内。将黑豆、枸杞倒入余汁内，待汁烘起，盛肘子入盘，略加整形，点以银耳即成。

这道菜透明发亮，色似琥珀。吃起来皮酥肉烂，香甜可口，是一道补肝肾、润心肺、壮筋骨的药膳佳肴。

把冬瓜做成佳肴

开封还有一道菜也是呈琥珀色，这道菜是纯素菜。中餐讲究色香味，成语有"秀色可餐"。琥珀原是古代树脂的化石，颜色深红，光亮艳丽。人们习惯在一些菜肴前冠以"琥珀"二字。贾思勰在《齐民要术》中记载了"琥珀汤"，说它"内外明澈如琥珀"，后世延续了很多琥珀菜肴。把肘子做成琥珀色容易，把冬瓜做成琥珀色需要功夫了。

冬瓜是最平常的食材，可荤可素，既是家常菜，又是宫廷菜，可与豆腐青菜为伍，可与山珍海味为伴。北宋时期宋仁宗召见江陵张景的时候问道："卿在江陵有何贵?"张答："两岸绿杨遮虎渡，一湾芳草护龙洲。"仁宗又问："所食何物?"张答："新粟米炊鱼子饮，嫩冬瓜煮鳖裙羹。"从此以后，这道民间的甲鱼裙边和鸡汤一起炖冬瓜，成了宋代宫廷名菜"冬瓜鳖裙羹"。

"琥珀冬瓜"由宋代的"蜜煎冬瓜"演变而来，《居家必用事类全集》记载了蜜煎冬瓜的做法："经霜老冬瓜去青皮，近青边肉切作片子。沸汤焯过，放冷。石灰汤浸没，四宿，去灰水。同蜜半盏，于银石砂铫内煎熟，下冬瓜片子，煎四五沸，去蜜水。别入蜜一大盏，同熬，候冬瓜色微黄为度。入瓷器内，候极冷，方可盖覆……"以经霜冬瓜为主料，用白糖、冰糖加清水收熁而成，因色泽如琥珀，故名。宋代郑清之有《咏冬瓜》诗：剪剪黄花秋复春，霜皮露叶护长身。明清诸多饮食典籍中多有烹制冬瓜的方法如：《多能鄙事》的蜜煎冬瓜，《群芳谱》的蒜冬瓜，《养小录》的煮冬瓜、煨冬瓜等。冬瓜的做法很多，但是最受欢迎的还是开封各大饭店经营的琥珀冬瓜。琥珀冬瓜色泽枣红、嫩甜筋香，深受消费者欢迎。经开封历代厨师不断改进，到了清代中晚期已经成为独具特色的高档甜菜。相传，光绪末年，开封山敬楼饭庄的名厨王风彩制作此菜最有名，1940 年前后又经名厨苏永秀改进，将冬瓜刻成各式各样的水果形状，才形成色、形、味俱佳的馔肴，被视为新饭店名菜。此菜 1992 年被收入《中国烹饪百科全书》，2000 年 2 月被认证为中国名菜。

琥珀冬瓜属于甜菜类，制作时选用肉厚的冬瓜，去皮后刻成佛手、石榴、仙桃形状，晶莹透亮。铺在箅子上，放进开水浸透，再放进锅内，兑入去掉杂质的白糖水，武火烧开后改用小火，至冬瓜呈浅枣红色、汁浓发亮时即成。在鱼肉居多的宴席上，尝上几口琥珀冬瓜，真是清爽无比。冬瓜味甘淡而性微寒，有利尿消痰、清热解毒的功效，有较好的减肥作用。

如果按照我的喜好，在开封饭店里面点菜的时候会让杞忧烘皮肘与琥珀冬瓜一起上席，吃一口杞忧烘皮肘忘掉忧愁，再吃一口琥珀冬瓜减去脂肪，荤素搭配，吃饭不累。

樱桃煎和大耐糕

樱桃好吃煎更佳

请庖丁来操刀，易牙主管烹熬。水要新鲜，锅具要干净；火候要有变化，柴火不要添得太快。九次蒸，再九次晒，上下翻滚，让汤慢慢熬。品尝项脔的美味，大嚼秋天的蟹螯。用蜜把小樱桃煎煮得酥烂，热气腾腾的杏酪①配着蒸熟的羊羔。加入酒烹饪的蛤蜊半生半熟，用酒糟腌过的螃蟹稍稍带生。汇集最新鲜美味的食物，来滋养我这个贪吃的老饕。这是苏东坡《老饕赋》中的一段描述。人中龙凤的苏东坡不但文章好、书法好，而且还是个资深吃货，不但会吃，还会做。用蜂蜜煎樱

---

① 即为杏仁茶。

桃就是北宋的一道名菜——樱桃煎。

樱桃煎的做法："不以多少，挟去核，银石器内，先以蜜半斤，慢火熬煎，出水控向筐箕中令干，再入蜜二斤，慢火煎如琥珀色为度，放冷以瓮器收贮之为佳也。"（参阅《事林广记》）很明显，这是指樱桃糖制品的制作。

樱桃为蔷薇科植物，樱桃的果实味甘性温，含有糖类、柠檬酸、酒石酸、维生素等成分。具有益气、祛风湿之功效，适用于瘫痪、四肢不仁、风湿腰腿疼、冻疮等症。

《本草纲目》载：樱桃，处处有之，而洛中者最胜。其木多阴，先百果熟，故古人多贵之。其实熟时深红色者，谓之朱樱。紫色，皮里有细黄点者，谓之紫樱，味最珍重。又有正黄明者，谓之蜡樱。小而红者，谓之樱珠，味皆不及。极大者，有若弹丸，核细而肉浓，尤难得。时珍曰：樱桃树不甚高。春初开白花，繁英如雪。叶团，有尖及细齿。结子一枝数十颗，三月熟时须守护，否则鸟食无遗也。盐藏、蜜煎皆可，或同蜜捣作糕食，唐人以酪荐食之。唐代喜欢樱桃和奶酪一块儿吃，到了宋代这种吃法还一度流行，如宋代诗人陆游云："蜡樱、桃子、酪同时。"梅尧臣则曾作诗云："昨日酪将熟，今日樱可餐。"

《本草纲目》记载了樱桃"同蜜捣作糕食"的吃法，与樱桃煎是不同的做法。南宋林洪的《山家清供·樱桃煎》记载：把樱桃用梅水煮烂去核，放到模子里捣实压为极薄而带花纹的饼子，再加上蜜食用。杨万里还有诗赞曰："何人弄好手？万颗捣虚脆。印成花钿薄，染作冰澌紫。北果非不多，此味良独美。"薄饼该如现在的鸡蛋卷一样薄吧，并且还有花纹，只是不明白，为什么这饼也叫作"樱桃煎"呢？制作过程中以樱桃煮水，再做成饼，成品却是饼啊！徐珂后来给我解了惑，《清稗类钞·饮食类》里"蜜煎"记载："俗称蜜浸果品为蜜煎，盖源于吴自牧《梦粱录》所载'除夕，内司意思局进呈精巧消夜果子合，合内簇诸般细果、时果、蜜煎、糖煎等品'也。是宋时已有此称矣。后改为蜜饯。"

既然《梦粱录》里面有关于蜜煎的记载，《东京梦华录》里面一定也有，果然在卷二找到了。孟元老回忆说：又有托小盘卖干果子，乃旋炒银杏、栗子……李子旋、樱桃煎、西京雪梨……

樱桃淋了雨，就会从内部生虫，人眼看不见。用一碗水浸它一段时间，那些虫就会爬出来，樱桃才可以吃。

元代忽思慧的《皇家饮食调养指南》关于樱桃煎的做法是：五十斤鲜樱桃，提取果肉中的汁液；二十五斤白砂糖。将以上原料混合在一起，放入锅中加清水熬煮，直至原料中的成分充分溶于水中。如果家中制作，按比例减少即可，不过不要忘记放入白糖。

苹果原来可以这样吃

向敏中的后人"向云杭公充①，夏日命饮作大耐糕，意必粉面为之。及出，乃用大李子。生者，去皮剜核，以白梅、甘草汤焯过，用蜜和松子肉、榄仁（去皮）、核桃肉（去皮）、瓜仁划碎，填之满，入小甑蒸熟。谓耐糕也（非熟则损脾）。且取先公大耐官职之意，以此见向者有意于文简之衣钵也"。文简即北宋宰相向敏中（949—1020）的谥号。《宋史·向敏中传》中记载，他居大官职位三十年之久，晓畅民政，善处繁剧。真宗对他赞赏有加。

大耐糕不是面粉做的，是以大李子果为主料制作而成，而大耐糕与开封人向敏中有着紧密关联。话说向敏中被任命为右丞相的那天，宋真宗对右谏议大夫李宗谔说：朕自即位以来未曾任命仆射，这次任命向敏中是特殊的任命，应该是他大喜的日子。今天他家中贺客一定很多，卿往观之，别说这是我的意思。当李宗谔来到向敏中家里时，"门阑寂然，宴饮不备"，处之如常，毫无喜庆之举，太低调了，简直低到了尘埃里。与过去那些"宰相受命"之日大宴亲朋好友，以示光宗耀祖的情况

---

① 《说郛》本作"向杭云公充"。

大不相同。宋真宗得知这一情况后，极为叹服，不由得感叹道："敏中，大耐官职。"并称赞他有气度、有见识，不以"权宠自尊"，而又有为人自然直率的廉洁。南宋时期，向氏后代向云杭便将家中的一个菜肴取名为"大耐糕"，以志纪念。"大耐"者，宠辱不惊也。明代人李东阳诗"文靖旧无旋马地，敏中元有耐官心"用的就是这个典故。

大耐糕从北宋的相爷府第走进开封市井，百姓喜欢，不仅把大耐糕当成一种食品，更赋予它精神和文化的内涵。只不过用常见的苹果替代了大李子。廉官志士、文人墨客，不但用大耐糕招待亲朋好友，也常常以吃此菜为乐事，以吃此菜为荣。一些外地游人来汴，知道向敏中这个故事的，必以吃大耐糕为快。

"文化大革命"中大耐糕遭到封杀，说是封建残余，禁止制作。改革开放后，中国烹饪名师、特级烹饪师李全忠发掘、整理，使大耐糕重新面世。如今大耐糕的做法是：取个头小巧的苹果，削皮去核，制成果盒形状，装入枣泥及配料，表面用瓜子仁或杏仁点缀为花形，入笼蒸熟，浇蜜汁即可。枣泥甘温，苹果甘凉，二者合烹而甘平，有补脾和胃、益气生津、开胃醒酒、滋补气血的食疗功能。

算条巴子：皇帝的经典御菜

小时候，每年"迎冷"（天气变冷）的时候，母亲都会把秋后的白萝卜洗净，切成条摊在高粱箔上晾晒干，吃的时候再用温水泡，加入食盐、味精，再淋上几滴小磨香油，吃起来松软筋道、美味可口。这萝卜条被四川人实现了工业化，超市中随处可以买到"爽口萝卜条"，只不过是用胡萝卜加工的，往往会加入辣椒和白砂糖，当然还有食用添加剂，卖相很好，却不环保。还是老家纯手工制作的萝卜条好吃，食品安全不说，关键是乡愁味道在其中啊！李开周有一篇文章，叫《条子来了》，说的是宋代的一种形象食品："假如您在宋朝逛夜市，听到小吃摊上传来一声悠悠长长的吆喝：'客官——条子来了！'可千万别以为是警察，那只是某个饕客点了一碟算条子，摊主正在给他端上餐桌而已。""算条子"即算条巴子，宋代的算条巴子与现在百姓家制作的白萝卜干有着异曲同工之处，外形相同，制作过程相似，只不过调料有变化罢了。

为什么这类菜叫作算条巴子

算条巴子，从字面上看，一定与算盘有关系。不错，早在春秋时期，中国普遍使用一种算筹。东汉时期使用的算盘形状与现在使用的算盘不一样，没有横梁隔木，上边一只操作数，下边四只操作数，用不同的颜色来区分上下的操作数。唐代末年，筹算乘除法已经开始使用。到了宋代，筹算的除法歌诀开始传播，当时的算盘已经接近现在的模样了，开封商业店铺、账房已经广泛使用算盘了。在《清明上河图》中，可以清晰地看到"赵太丞家"店内柜台上一架算盘静静躺着。

宋代做此菜时，先将猪肉精肥各切作三寸长，如操作数样，用砂糖、花椒末、宿砂末调和，拌匀后，晒干蒸熟。正是因为切成的肉外形像算筹，所以才称为算条巴子。

"巴"是什么东西

青石桥海鲜市场的一位老板陈某指着水箱里的基围虾、米虾对记者讲：如果没有氧气泵输氧，虾在一个多小时内就会死去；但往水里注入氨气，虾至少可以活上一天多。

　　李于潢的《汴宋竹枝词》也有描写："隔坐闻呼博士声，路旁犯鲊总驰名。梅花包子婆婆饼，携向徐家就瓠羹。"南宋杭州人吴自牧在《梦粱录》卷十六《肉铺》中记载南宋故都杭州肉类制品时说："且如犯鲊，名件最多，姑言一二。其犯鲊者：算条、影戏……"

　　家住杭州的著名学者周密在《武林旧事》卷六《市食》和《犯鲊》中也记述了笋鲊、玉板鲊、鲟鱼鲊、春子鲊、黄雀鲊等食物。南宋佚名《西湖老人繁胜录》在《肉食》中也列举了算条犯、红羊犯、影戏犯等食品。

　　犯，通巴、羓，又作犯。《水浒传》第二十一回说："有财帛的来到这里，轻则蒙汗药麻翻，重则登时结果，将精肉片为羓子，肥肉煎油点灯。"

宋高宗吃过这道菜

　　说到现在，大家明白算条巴子是什么东西了吧。操作数就是古代计算用的筹码，呈条状。巴的形状多样，"算条""影戏""红羊"等都是以形状命名的巴类食物。巴和算条均始见于宋代，算条就是条状的巴，需先晒干再蒸熟。这样蒸制出的肉食内外味道一致，非常鲜美。孟元老《东京梦华录》卷二《饮食果子》在介绍汴京饮食市场之繁荣时，列举了"脆筋巴子"和"獐巴"等食物。算条巴子是宋代汴京和临安两地市民所喜爱的一道家常名菜，后来成为宫廷名菜，南宋清河郡王张俊在府中宴请宋高宗的宴席中就有这道菜。《武林旧事》列有《犯鲊》名录，其中就有算条、鱼肉影戏、界方条、胡羊犯、兔犯等。

制作巴子时多取牲畜之肉，切成长方块，加调料拌匀、晒干、蒸熟而成。也可以不经蒸的过程，直接晒干成菜品。《事林广记》记载了几种巴菜的做法，如筭①子犯②：取猪或羊的瘦肉，剁碎加盐等调料再加入豆粉拌茸，卷成小条，用芭蕉叶垫底，蒸熟取出烘干。千里犯：鹿肉或羊肉切成条状。每斤肉用二两盐腌，蒸晒而成。因可以久藏，携带方便，故名。水晶犯：精羊肉切成长薄条，用盐、花椒、马芹、好醋腌一个时辰，然后摊开，在烈日下暴晒，即成透明状。猪肉也可以做。

我们按照古人的制作流程，也可以做这道宋朝的经典御菜。算条巴子是将各种肉食加糖或盐和其他调味品拌和后，经太阳晒干。这同用盐腌有所区别。食用时，要先加以浸洗，再放入盛器蒸熟即成。蒸时视肉干咸淡，可略加葱、酒、盐或糖等调味。

---

① 音同"算"，是古代用来计数的器具。
② 音同"扒"，指干肉。

黄河鲤鱼最开封

有一阵，一些媒体热衷于炒作郑州的黄河鲤鱼，有朋友咨询说："不是开封的鲤鱼最好吗，怎么也随省会西迁了？"我报之以"呵呵"。开封鲤鱼历史悠久，故事传说很多，文献记载也很多，就像古都地位一样不可撼动，黄河鲤鱼开封为最佳，这是公认的事实。资深美食家汪曾祺专门写过黄河鲤鱼，他说："我不爱吃鲤鱼，因为肉粗，且有土腥气，但黄河鲤鱼除外。在河南开封吃过黄河鲤鱼，后来在山东水泊梁山下吃过黄河鲤鱼，名不虚传。辨黄河鲤与非黄河鲤，只需看鲤鱼剖开后内膜是白的还是黑的：白色者是真黄河鲤，黑色者是假货。"

宋代皇帝喜欢开封黄河鲤鱼

鲤鱼是我国古老的鱼种之一，素有"诸鱼之长，鱼中之王"之美称。在古代，我国劳动人民就把鲤鱼作为美的象征，作为珍贵礼品互相赠送。《诗经·陈风》记载："……岂其食鱼，必河之鲤？岂其取妻，必宋之子？"古人把美女与鲤鱼相提并论，可见鲤鱼地位之重要。孔子得了儿子，国君鲁昭公送去一条大鲤鱼，表示祝贺，孔子引以为荣，给儿子取名鲤。鲤鱼在中国品种繁多，有四百多种，其中开封黄河鲤鱼居诸鱼之首。

唐朝时鲤鱼开始很受宠，由于唐朝皇帝姓李，"鲤"与"李"同音，后来皇帝曾下诏：在黄河里捕住鲤鱼，要立即放生，否则治罪。在宋朝，鲤鱼大受欢迎，宋太祖征北汉的时候，专门叫属下带着鲜活的开封鲤鱼以备美餐。北宋东京城"东华鲊"比较知名，它是北宋东京著名肴馔之一。仅《东京梦华录》记载的就有玉版鲊、苞鲊新荷等数种。宋人周辉的《清波别志》引《琐碎录》云："京师东华门外何、吴二家鱼鲊，十数脔作一把，号称把鲊，著称天下。文士有为赋诗，夸为珍味。"北宋著名诗人梅尧臣《和韩子华寄东华市玉版鲊》诗曰："客从都下来，远遗东华鲊。荷香开新包，玉脔识旧把。色洁已可珍，味佳宁独舍。莫问鱼与龙，予非博物者。"可见当时鱼鲊声誉之高。鱼鲊是什么东西？《齐民要术》是这样说的：鱼鲊的正统原料是鲤鱼，鱼愈大愈好，以瘦为佳。取新鲜鱼，先去鳞，再切成二寸长、一寸宽、五分厚的小块，每块都得带皮。切好的鱼块随手扔到盛着水的盆子里浸着，整盆漉起来，再换清水洗净，漉出放在盘里，撒上白盐，盛在篓中，放在平整的石板上，榨尽水。接着将粳米蒸熟作糁，连同茱萸、橘皮、好酒等原料在盆里调匀。取一个干净的瓮，将鱼放在瓮里，一层鱼、一层糁，装满为止。把瓮用竹叶、菰叶或芦叶密封好，放置若干天，使其发酵，产生新的滋味。食用时，最好用手撕，若用刀切则有腥气。

《清波别志》记载了北宋东京城内"东华鲊"的做法：制作时将鲤鱼肉一千克，洗净后切成厚片，用精盐腌入味，沥干水；花椒、碎桂皮各五十克，酒糟二百五十克，和葱丝、姜丝、盐一起拌匀成粥状，放入鱼片拌匀，装入瓷坛内，用料酒、清水各半放在一起把带糟的鱼片洗净再加碎桂皮末二十五克、葱、姜丝、少许盐、胡椒粉拌匀，用鲜荷叶包成小包（三四片一包），蒸透取出装盘即可。"东华鲊"的特点是糟味浓郁，荷香扑鼻。在腌制过程中，由于米饭中混入乳酸菌，乳酸菌发酵，进而产生乳酸和其他一些物质，渗入鱼片中，既可防鱼片腐败，又能使其产生特殊风味。正因为鲊的特殊，因而极受人们喜爱。从宋代至明朝，对各类鱼鲊的制作均有较详细的记载。

淳熙六年（1179）三月十五日，宋孝宗赵昚陪太上皇赵构登御舟闲游西湖，赵构命内侍买湖中龟鱼放生，宣唤中有一卖鱼羹的妇人叫宋五嫂，自称是东京人，随驾到此，在西湖边以卖鱼羹为生。高宗吃了她做的鱼羹，觉出是汴京风味。召见一问，果然就是汴京来的，不禁勾起他的乡情和对故国的怀念，念其年老，赐予金银绢匹。从此，她的鱼羹声名鹊起，富家巨室争相购食，宋嫂鱼羹也就成了享誉京城的名肴。有人写诗道："一碗鱼羹值几钱？旧京遗制动天颜。时人倍价来争市，半买君恩半买鲜。"宋五嫂制羹用的就是鲤鱼，宋高宗吃出了汴京味，于是捧红了她的生意。经历代厨师不断研制、提高技术，宋嫂鱼羹的配料更为精细讲究，鱼羹色泽油亮，鲜嫩滑润，味似蟹肉，故有"赛蟹羹"之称。

开封鲤鱼享誉世界

开封黄河鲤鱼，口鳍鲜红，尾、鳞呈金色，脊灰褐色，腹部白，小嘴金眼，外形美观、肉味纯正、肥嫩鲜美。《清稗类钞》中说："黄河之鲤甚佳，以开封为最，甘鲜肥嫩，可称珍品……"其他则"肉粗味劣……非若豫省中黄河中所产者"。鲁迅先生在上海会见萧军等著名作家，到梁园豫菜馆请客吃饭，特意点了开封的"醋熘黄河鲤鱼"以饱口福。开封是黄河鲤鱼的主要产区，以开封郊区段黄河所产为正宗。此段黄河西自回回寨，东到柳园口，长十余公里。黄河出邙山后，进入豫东平原，流速减慢，河面变宽，阳光照射充足，是黄河鲤鱼天然的生息繁殖场所，所以此段黄河鲤鱼优于其他段所产的黄河鲤鱼。

　　清光绪皇帝及慈禧太后避八国联军之难后，返京途中，取道中原，曾在名城开封驻跸。当时汴梁名厨曾用黄河鲤鱼烹制一道"糖醋熘鱼"，此菜色泽柿红，甜中有酸，酸中带咸，咸中透鲜，十分可口。光绪食后赞为"古汴一佳肴"，慈禧则云"膳后忘返"，并写了赞美黄河鲤鱼的对联：熘鱼出何处，中原古汴州。慈禧更有"甘美滑如玉，焦脆细如丝"之赞，使此菜一时声名鹊起，后人在此基础上改良制作了糖醋软熘鲤鱼焙面这道名菜。20 世纪 70 年代美国总统尼克松访华时也曾食用，询问菜名时，翻译人员直译成了"鲤鱼盖被子"，虽然不知鲤鱼为何有盖被之需，但也算得上是趣事一桩。

　　袁世凯喜欢吃鱼，也喜欢钓鱼。在洹上村隐居的时候，自己修了鱼池养鱼。他最喜欢的鱼是开封北面黑岗口的黄河鲤鱼，认为其他地方的鱼无法与之相比。民国初年开封名厨赵廷良创制"金网锁黄龙"，也是道名菜，为时人所推崇。它的特点是给鲤鱼附上一层金黄色的蛋丝，吃起来肉嫩丝酥。

　　在电影《大河奔流》中，有一段金谷酒家吃鲤鱼的镜头。一声"上活鱼"，李麦手握着一条红尾巴黄河鲤鱼，当着三位外国记者的面将鱼摔在地上，然后由厨师烹制成"鲤鱼焙面"这道名菜。这很有考究，吃鱼必须吃活的、新鲜的。鲤鱼脊背两侧各有一根细韧的白筋，烹饪的时候总是当场摔死再把它抽去。另外，想要黄河鲤鱼好吃，打捞上来后还要在清水里放养两三天，待其吐尽土味，方能烹食。食鲤鱼虽然有多种益处，但"多食热中，热则生风，变生诸病"。看来再好的美味也不能贪吃啊！

东京酱肉和东京的饼

十分繁盛的北宋东京酱肉业

《舌尖上的中国》纪录片曾经提及"酱的味道",说绍兴人离不开酱油,什么都可以"酱一酱"再吃。"足够的盐度可以让食物在潮湿的环境里久放不坏。在酱油里翻滚过的任何食物都被赋予了浓重的酱香味,它们被本地人称作'家乡菜'……(酱)在人类的发酵史上独树一帜,数千年间,它成就了中国人餐桌上味道的基础。"开封的酱肉业成熟于东汉时期,为姚期所创,所以酱肉业又称为"姚肉",比如历史名店"长春轩",百年来就一直沿用"长春轩姚肉铺"的名称。

在开封寻找美食,常常不经意上溯到北宋,作为宋代旧都,开封遗留下来很多风味小吃。单说酱肉熟食,早在一千年前，当时的东京城就有近百家卖酱肉的店铺。那个时代，作为京城的老开封，大街小巷都有卖熟肉的摊贩。孟元老的《东京梦华录》里面有多处记载，如矾楼、清风楼、遇仙正店、高阳正店等大型酒楼都有味道醇厚的酱肉出售，"在京正店七十二户。此外不能遍数，其余皆谓之脚店"。《清明上河图》中就画了一家"十千脚店"，其规模虽不能与正店相比，但是门前依旧有彩楼欢门，四边平房，中间有二层小楼，临街的屋里都是酒客满座。这些"脚店"，为中小型酒楼，"卖贵细下酒，迎接中贵饮食"，有"张家酒店""宋厨""李家""铁屑楼酒店""黄胖家""白厨""张秀酒店""李庆家"等，"街市酒店，彩楼相对，绣旗相招，掩翳天日"。肉铺里陈列着生肉和熟肉，消费者可根据自己需要，"生熟肉从便索唤，阔切、片批、细抹、顿刀之类。至晚，即有燠爆熟食上市"。东京的熟肉也相当发达，连大相国寺的惠明和尚也深受影响开始经销熟肉了。他烤的猪肉十分好，深受吃货们欢迎。话说杨大年与惠明和尚有来往，杨大年常带着一班人马去烧猪院蹭吃蹭喝。俗话说拿人手短，吃人嘴软。这杨大年感觉不好意思，于是调侃道："惠明，你是个和尚，远近都管这叫烧猪院，你觉得好听吗?"惠明说："那该怎么办?"杨说："改下名字。"惠明欣然同意："行啊!杨大才子，你给取个名字吧!""'不若呼烤猪院也。'都人亦自改乎。"（参见《画墁录》）

走街串巷的流动经营对消费者来说更为便捷，所以销售量也十分可观,"其杀猪羊作坊,每人担猪羊及车子上市,动即百数"。每日如宅舍宫院前,有卖羊肉、头肚、腰子、白肠、鹑、兔、鱼、虾,甚至鸡、鸭、蛤蜊、螃蟹等,几乎所有肉类包括内脏,都可在自家门口买到。

"东京三饼"久负盛名

新年收到中森老师的新年礼物——汪曾祺的散文集《宋朝人的吃喝》,快意阅读,发现宋朝人喜欢吃饼,《水浒传》动辄说:"回些面来打饼。"当时北宋东京的饼有"门油、菊花、宽焦、侧厚、油碢①、髓饼、新样、满麻……"《东京梦华录》记载了武成王庙海州张家、皇建院前郑家的饼生意十分兴盛,每家有五十余炉。汪曾祺感叹道:"五十几个炉子一起烙饼,真是好家伙!"

近年致力于研究宋朝饭局的专栏作家李开周认为,从汉朝到宋朝的语境里,凡是不带馅的面食,最初都被称为饼。武大郎卖的炊饼其实就是馒头,北宋初期叫蒸饼,后来宋仁宗赵祯即位,"祯"跟"蒸"发音很像,为了避他的讳,"蒸饼"就改成"炊饼"了。在宋朝市面上,叫"饼"的食品至少有几

① 砣状的饼被称为"油碢"。

十种，除了"胡饼""索饼"是面条，"环饼"是麻花，"糖饼"是方糕，"乳饼"是奶豆腐，"肉油饼"是裹上肉馅然后再搁炉子里烤熟的发面肉卷。一张饼，包藏古今；一张饼，包容天下。虽然宋朝美食我们吃不到，但是从北宋传承下来的食品还是可以品味的。近代以来，开封的饼，十分驰名。

因为北宋旧都的缘故，开封的另一个响亮名字叫东京。同样，起源于北宋时期的太师饼、状元饼、京东饼被人誉为"东京三饼"。这三饼不是日常饮食的主食，属于提酥和混糖类精制糕点。"东京三饼"是河南省糕点名师王魁元根据历史传说和有关资料精心制作。王魁元生于1892年，长葛县人，出身贫寒，为了活命，父亲托人把他送到开封赵麻子刀剪店当学徒，一干就是十七年。二十九岁成了家，为了生计，晚上加班拉人力车。三十二岁那年，到宝泰当帮作，勤学苦练终于成为一代名师，他能通过炸、卤、蒸、烤、炖、炒、熬、烘八类操作方法做出二百四十八种春、夏、秋、冬应时糕点。

"东京三饼"沿袭千年，世代相传，深受百姓青睐

相传宋代著名民族英雄岳飞屡遭奸臣陷害，当朝太师李纲多次设法营救，岳飞深感其恩。因李纲嗜爱甜食，岳飞请糕点匠师精心制作一种适合老年人口味的点心相送，称此糕点为

"太师饼"。太师饼属酥皮类精制糕点，"三阳观老号"以精粉、白糖、食油为主料，辅以桂花、核桃仁、麻仁、对丝等，采用"小包酥"工艺精工制作，产品酥松绵软，层次清晰，蜜甜而不腻。

宋代科举盛行，进京赶考书生络绎不绝。京师商贾为了迎合考生需要，争相制作一种既富有营养又便于保存的"状元饼"。考生功名心切，为取吉利，以期榜上有名，亦不惜破费购食。相沿千年，久盛不衰。"包耀记"制作的状元饼，采用混糖面皮，枣泥馅心，入口绵软，专用图案磕模成型，产品图案清晰，质地细腻，富油脂光泽，透浓郁枣香味。

北宋东京东郊边村一带，每年正月初八有庙会。一次，真宗皇帝的李宸妃到此进香，见一摊主糕饼十分好看，遂命宫人买回让皇帝品尝，真宗极为赞赏，遂命御膳房仿制。只因是从京城东边买来的，故名"京东饼"，流传至今。京东饼选料考究，以精粉、白糖、猪油、鸡蛋为主料，以枣泥、核桃仁等为馅，成型后表面刷上蛋液，经烘烤起发呈柿黄色，即可出炉，绵软爽口并具有浓郁的枣泥香味。

开封还有一种烧饼叫"一品烧饼"，不过算是糕点了，也是源于北宋。国家开科取士，各地人才荟萃京都。聪明的生意人给他们准备了香酥可口的点心，里面透出浓郁的桂花香味，隐含"攀蟾折桂"之意，祝愿吃饼的人们金榜高中，官居一品，故名"一品烧饼"。此饼名不但耐人寻味，而且寓意吉祥，因而世人竞相购买，历久不衰。由"老宝泰""三阳观"糕点技师范福旺、禹金水等精工制作的一品烧饼，具有突出的桂花和果仁香味，最为出名。

东篱同坐尝花筵

　　每年的金秋时节，开封就是满城秋菊，灿然开放，香飘十里。菊花带来的节会，菊花迎来的宾客，给古城带来了另一种的繁华与热闹。菊会开幕的时候我正在故里，可以看到田野里农人在整饬新翻的耕地。小径旁，河道边，偶尔可以看到野菊花开着淡黄的花在风中簌簌摇摆。菊花食用的历史悠久，因可延年益寿，又被称为长寿花、延龄客。中学时代学了屈原的《离骚》，每次读到"朝饮木兰之坠露兮，夕餐秋菊之落英"就无限向往，是什么样的雅兴使诗人能把秋菊入食呢？在杭州我品尝过那里的菊花茶，味道恬淡，与开封的菊茶大同小异，不会是文化的同宗吧？一个"宋"字分南北，而菊茶却不因地域的不同而味道有区别。古人有食菊的习惯，有诗云"东篱同坐尝花筵，一片琼霜入口鲜"说的就是吃货的乐趣。

菊花佳肴最美味

菊花气味芬芳，绵软爽口，是入肴佳品。其吃法多样，可鲜食、干食、生食、熟食，焖、蒸、煮、炒、烧、拌皆宜，还可切丝入馅，菊花酥饼和菊花饺都各有曼妙之处。我发现古人比我们现代人会吃，唐诗中有不少关于食菊的诗句，"令节三秋晚，重阳九日欢。仙杯还泛菊，宝馔且调兰。"（此诗有版本说是宋之问所作《奉和九日幸临渭亭登高应制得欢字》）唐代，市面上有"菊花糕"卖。唐朝的陆龟蒙，他家住在荒郊野外，房前屋后空地宽敞，便种了许多杞菊。春天，嫩苗恣肥，就采来当下酒菜；夏天，枝叶老梗，不好吃了，他仍督促儿孙去采摘，简直是食菊上瘾。后来因此写成一篇《杞菊赋》。陆龟蒙喜欢吃的是菊叶，不是花。苏轼读了陆龟蒙的《杞菊赋》，起初不信，以为陆龟蒙生活困窘才"嚼啮草木"。后来他到胶西当太守的时候，常常吃不饱肚子，便到那些废弃的园圃里采摘枸杞和菊花的叶子烹食，这才相信陆龟蒙不是矫情说假话。于是他也仿效陆龟蒙吃杞菊之叶，并写了一篇《后杞菊赋》以记其事。其实，苏轼并没有真正理解陆龟蒙，陆龟蒙是喜欢吃菊叶，而不是穷得没吃的才去吃。后来南宋的张杖又写了一篇《后杞菊赋》，讲述自己享用菊叶的嗜好。他让厨师给他炒杞菊叶吃，非常喜欢杞菊之叶的芳馨可口，饭量因之大增，而对其他的菜肴不再留恋。《本草经》中说："其菊有两种者，一种紫茎，气香而味甘美，叶可作羹，为真菊。"宋人史正志的《史氏菊谱》中说菊花"苗可以菜"，而没说"花可以菜"。宋代的《全芳备祖》对菊花的食用价值进行了非常详尽和深刻的记载，说菊花"所以贵者，苗可以菜，花可以药，囊可枕，酿可以饮。所以高人隐士篱落畦圃之间，不可一日无此花也"。宋末元初郑思肖的"道人四时花为粮，骨生灵气身吐香。闻到菊花大欢喜，拍手歌笑频颠狂"（《餐菊花歌》）写出了吃货对菊苗的热爱。其实古人炒菜多用的是菊苗或叶子。南宋赵希鹄《调燮类编》卷三记载了一种将菊花直接拌食的做法："甘菊花春夏旺苗，采嫩头汤焯，拌食甚佳。"还有菊花与其他原料混合做菜。

就连黄庭坚也是采用菊苗入食，他在《三月乙巳来赋盐万岁乡且蒐狝匿赋之家晏饭此舍遂留宿是日大风自采菊苗荐汤饼二首》其二云："幽丛秀色可揽撷，煮饼菊苗深注汤。饮冰食蘖浪自苦，摩挲满怀春草香。"（《山谷诗集》下册）

宋代还有以菊花做羹的习惯。司马光在任开封府推官时曾作《晚食菊羹》诗："……菊畦濯新雨，绿秀何其繁。平时苦目疴，滋味性所便。采撷授厨人，烹沦调甘酸。毋令姜桂多，失彼真味完……"（《司马温公集编年笺注》）意思是嘱咐厨师做菊羹时放调料不要过多，以免把菊花本来的芳香味给破坏了。林洪《山家清供》中有一种以菊花为原料的食品名为"金饭"，其做法：采摘紫茎黄色菊花，洗净、晾干，烧甘草汤，放少许盐，将菊花放进去稍微焯一下。等到米饭沸腾时，将焯过的菊花放进去同煮。坚持食用金饭，有明目长寿的功效。

茶香酒醇惹人醉

饮菊花茶的明确记载始见于唐代。晚唐诗僧皎然《九日与陆处士羽饮茶》诗曰："九日山僧院，东篱菊也黄。俗人多泛酒，谁解助茶香。"有一种甘菊，其形态与观赏菊有很大差异，明代王象晋《群芳谱》云："甘菊，一名真菊，一名茶菊。花正黄，小如指顶，外尖瓣内细蕚，柄细而长，味甘而辛，气香而烈。……种之亦苗，人家以供蔬茹。"而宋代的菊茶则与唐代以及今天的菊花茶不同。今天的菊花茶是以菊花花头加工而成，如大观菊茶、杭白菊等。菊花经过蒸气杀青之后，晒干至含水率70%以下，手捻花瓣即成粉碎时，便可饮用。不是所有的菊花都可以做成菊茶。据开封菊花资深研究者张玉发先生介绍，景区、广场展示的菊花是不可以入茶的，因为为了景观造型，喷施了大量化学药剂，还是野生菊花做茶好。

宋代的菊茶什么模样呢？原来，宋代菊茶是用菊苗的鲜嫩枝叶做成，与现代的龙井茶、毛尖一样。宋代孙志举《访王主簿同泛菊茶》诗亦云："妍暖春风荡物华，初回午梦颇思茶。难寻北苑浮香雪，且就东篱撷嫩芽。"洪遵《和弟景卢月台诗》云："筑台结阁两争华，便觉流涎过曲车。户小难禁竹叶酒，睡多须藉菊苗茶。"史铸《甘菊》诗云："苗可代茶香自别，花堪入药效尤奇。"

菊花酒的制作与饮用最早见于汉代。葛洪《西京杂记》卷三载："九月九日，佩茱萸、食蓬饵、饮菊花酒，令人长寿。"关于菊花酒的酿制方法，《西京杂记》所载方法是用菊花及其茎叶和黍米一起发酵酿制而成。到了宋代，仍然采用这种工艺方法，《岁时广记》卷三十四《重九》云："令长寿菊花盛开时，采茎叶杂麦米酿酒，密封置室中，至来年九月九日方熟，且治头风，谓之菊酒。"另外，宋代还有将包括菊花在内的原料通过蒸馏以加速其发酵的酿造工艺："九月，取菊花曝干，揉碎入米馈中，蒸令熟，酝酒如地黄法。"（参见《酒经》）最简单的方法莫过于将菊花直接浸泡在酒中，宋代唐慎微《重修政和经史证类备用本草》卷六《草部上品》云："秋八月合花收，暴干，切取三大斤，以生绢囊盛，贮三大斗酒中，经七日服之。……今诸州亦有作菊花酒者，其法得于此乎。"传说宋代的陆游病中饮用菊花酒，病居然好了，于是写诗歌咏菊花说："菊得霜乃荣，性与凡草殊。我病得霜健，每却稚子扶。岂与菊同性，故能老不枯？今朝唤父老，采菊陈酒壶。"

明代的《月令广义》记载了菊酒的做法："黄菊晒干，用瓮盛酒一斗，菊花二两，以生绢袋悬于酒面上，约离一指高，密封瓮口，经宿去袋，酒有菊香。"将装有干菊花的袋子悬于酒面，再密封瓮口，其目的是让菊花的香气渗透酒中，而不影响酒的清澈。古人笃信重阳饮菊花酒能延年益寿。《梦粱录》中记载，宋代每年重阳节都要饮用菊花、茱萸制作的酒，还给菊花、茱萸起了两个雅致的别号，称菊花为"延寿客"，称茱萸为"辟邪翁"。宋人认为，重阳节饮用菊花酒和茱萸酒，"以消阳九之厄"。

宋人饮食消夏录

夏天古今都一样，炎热。今人在科技的帮助下，已经疏远了槐荫乘凉和蒲扇生风的自然画面。空调的使用，使人们得以调节了室内的温度，任凭窗外知了喊破了嗓子，也不肯到室外去受热。吃饭的时候，调几个凉菜，熬一锅绿豆水，或是杀一颗西瓜解暑降温。北宋人没有口福吃到西瓜，没有机会享受空调，但是宋人有自己的消夏方法，除了短衣汗衫之外，就是饮食调理，吃最天然的食物来度过漫长的夏季，除了捞面条还有诸多冷饮。

宋人藏冰与冰雪饮食

古代没有电冰箱，但是可以冬天采集冰块储藏，在夏天使用。开封曾有"藏兵洞"，就是杨靖宇将军读书处的那座土堆，土堆北边有一个洞，老百姓传说这是杨家将的藏兵洞。据说宋代杨家将在开封阅兵，金朝派人前来"观兵"，杨家将派人在此挖一个洞直通朱仙镇。阅兵时，宋兵从此洞进去，然后浩浩荡荡地从南边过来，川流不息地过了三天三夜，金人见宋朝人马如此众多，只得"请退"，回去禀报，金朝一时不敢来犯。有人考证说不是藏兵的，而是藏冰的。冬季储藏冰块，夏季使用，有道理。宋代张敦颐所撰《六朝事迹编类》中说，南京"覆舟山上有凌室，乃六朝每朝藏冰于此也"。在古代，王朝后勤人员建冰室藏冰、驱暑、冷藏食品很常见，而且用冰制作冷食也逐渐增多。

北宋东京城的居民对冰雪的需求量很大，冰业已实现"产业化"，平价出售。在唐代，夏天的冰雪价格很贵。北宋初期的田锡《鬻冰咏》称："赫日生炎晖，鬻冰方及时。邀利有得色，冰消俄若遗。"（参见《咸吊集》卷第十八）北宋文人刘攽管那些制售冰雪的人叫"卖雪人"，还作过一首《戏作卖雪人歌》诗："道傍喝死常比肩，市儿相与赢金钱。"京城的冰块应该大多储存于地窖中，因储存丰富，卖雪人者多，冰雪易得，在夏日的街头巷尾，处处见售各色冷凉食饮。孟元老所撰《东京梦华录》提到，当时在炎热的东京城，有冰雪（大概相当于刨冰或碎冰）、凉冰荔枝膏等上市，有多家经营冰雪饮料的商店。"夏月……冰糖冰雪冷元子……"孟元老提到"巷陌杂卖"时说："是月时物，巷陌路口，桥门市井皆卖……冰雪凉水……"

　　由此可见宋时藏冰的技巧已经很娴熟，并且可以及时供应市场。随着大宋南迁，藏冰的方法由北方传入南方。《鸡肋编》记载："二浙旧少冰雪。绍兴壬子，车驾在钱塘。是冬大寒屡雪，冰厚数寸。北人遂窖藏之，烧地作荫，皆如京师之法。临安府委诸县皆藏，率请北人教其制度。"后来临安城无冰可收的时候，韩世忠便率舟星夜运冰至京城。在宋朝，冰一到夏日就成了畅销品，已走下了宫廷殿堂，由贡赐品成为大众消费品。陆游在《重午》诗中写到会稽"街头初卖苑池冰"，但"会稽不藏冰，卖者皆自行在来"。行在，指的是都城临安。在《秋日遣怀》讲"初见卖苑冰，青门已无瓜"。杨万里在《荔枝歌》写道："北人冰雪作生涯，冰雪一窖活一家。帝城六月日卓午，市人如炊汗如雨。卖冰一声隔水来，行人未吃心眼开。"不仅讲到北方人掌握制冰技术，以制冰、卖冰为业，养活一家人，酷暑正午时的冰雪叫卖声竟使"行人未吃心眼开"，而且介绍了冰之于水果的保鲜冷藏作用。"北人藏冰天夺之，却与南人销暑气。"据吴自牧所撰《梦粱录》卷十六记载，临安茶肆于"暑天添卖雪泡梅花酒，或缩脾饮暑药之属"。从皇室到百姓，均以夏季食冰及各种冰饮为消暑的一大乐事。

　　宋代宫廷所做的一种冰冻的奶食，名曰"冰酪"，把果汁、牛奶、冰块等混合，调制成夏天的食品。炎热时食之，极为爽口。杨万里曾有咏冰酪诗句云："似腻还成爽，才凝又欲飘。

玉来盘底碎，雪到口边销。"冰酪吃起来似乎腻口，到嘴里又令人口爽。刚拿出来的冰酪如玉石一样，可放在盘子里一会儿就碎了，入口就融化。冰酪与现在的冰淇淋很相似。在南宋的杭州，"富家散暑药冰水"，有钱人家免费发放暑药和冰水。能将冰水作为施舍之物，可见当时藏冰业有多发达。

文人雅士小聚也喜欢食冰。宋人袁去华《红林檎近》词中描写，在幽雅园池中纳凉的夜晚，他们"坐待月侵廊"之时"调冰荐饮"，调冰水时还要加蜜作甜料。宋人李之仪《鹧鸪天》中也写道："滤蜜调冰结绛霜。"

宋代凉水种类多

州桥夜市的"沙糖菉豆甘草冰雪凉水"十分著名，这是用几种原料配制的冷饮。《清明上河图》还有几处卖"饮子"的画面：虹桥的下端临街房前，有两把大型遮阳伞，伞沿下挂着小长方形牌子，牌上写着"饮子"二字。在城内立着"久住王员外家"的竖牌子旁边，有两把遮阳伞，一伞沿下挂着带有"饮子"二字的小牌，一伞沿下挂着"香饮子"的小牌。其中的饮子就是消暑降温的饮料。一如现代小摊摆放的汽水或冰水。

宋周密《武林旧事·凉水》描述南宋京都临安避暑的情

景，市售清凉饮料中有"雪泡缩脾饮""白醪凉水"及"冰雪爽口之物"。《西湖老人繁盛录》记载六月初六西湖庙会盛况，仅冷饮就有近二十种。书中列举的"诸般水名"有"漉梨浆、椰子酒、木瓜汁、皂儿水、甘豆糖、绿豆水"，还有"缩脾饮、卤梅水、江茶水、五苓散、大顺散、荔枝膏、白水、乳糖真雪"等。著名的如中瓦子前的皂儿水和张家豆儿水、杂卖场前的甘豆汤、通江桥的雪泡豆儿水和荔枝膏。这些"凉水"主要是供夏天饮用。

在开封品味宋茶

观张择端的《清明上河图》发现汴河两岸，茶楼林立，写着茶字的幌子随风飘扬。城中多茶坊，市民爱饮茶。如今漫步开封，依旧可以看到遍布市井的茶肆。开封虽然不是茶叶原产地，但是最好的宋茶在开封，因为开封过去是北宋的都城，汇集四方佳品，宋代各名茶产区都要向皇帝进贡优质茶叶。我曾在开封街头寻找宋茶，先不说味道是不是宋茶，有时连模样都不是宋茶。我见过如月饼大小的所谓龙团凤饼，粗劣的造型，以及太不精致的工艺，哪里像是皇家贡品。一如在杭州宋城看到的武大郎炊饼，直接火炉烧烤，根本就没有明白这武大郎的炊饼其实就是在笼中蒸制的面食而已，比馒头薄，绝对不是烧烤之类的食品。如果回到宋朝，这样的茶不要说皇帝会龙颜震怒，连百姓都会把茶杯摔到地上："这，这是人喝的茶吗?"要想喝上纯正宋茶，只有穿越到北宋，在京城，才能享受一场有趣的茶宴。

宋代贡茶哪里寻

《宋史》记载：宋代贡茶地区达三十余个州郡，约占全国产茶七十个州的一半。岁出三十余万斤。在贡茶产地中，建州向朝廷上贡茶最为著名。约在宋太宗时代，建州北苑茶声誉鹊起，成为贡茶的主要品种。凤凰山麓的北苑也成为最有名的贡茶生产基地。丁谓、蔡襄相继任福建路转运使时，分别创制大、小龙凤茶上贡，每斤分别为八饼和二十饼。福建官员后继不断创新，研制出"密云龙"，双角团袋，每斤四十饼，后来又有"瑞云祥龙"。北宋末年，贡茶达到极盛，大观年间出现一种三合一的贡茶，"御苑玉芽""万寿龙芽""无比寿芽"，合称三色细芽，一下子又把"瑞云祥龙"压下去了。然而，三色细芽还不是终点，宣和二年（1120），又一个善于造茶的转运使郑可简，创制了一种名叫"银丝水芽"的贡茶，此茶光明莹洁，若银丝状，饼面上有小龙蜿蜒其上，号称"龙团胜雪"。从"龙凤贡茶"发展到"龙团胜雪"，其精美程度可算到了登峰造极的境界。

宋代每种贡茶的制作工艺和研磨、焙制时间，都有严格规程。北苑贡焙，日役千夫、工价万金乃寻常事。贡茶都是哪些人享受了呢？据杨亿《杨文公谈苑》记载，建茶凡十品，何种茶赐何等人有具体规定，如龙茶仅赐二府大臣、亲王、长主，余皇族、学士、将帅仅得凤茶。不是有钱就可以任性。想喝？级别达不到喝不成。宋廷对中高级官员在其升迁、退职、病休、觐见时，派中使专赐茶药合成的银盒并伴以圣旨，以示皇恩浩荡，收到者皆须上表谢恩。贡茶还用来分赐出征将士、修河役兵、僧道庶民等，此外还作为外交礼品，送给前来朝贡或出使的外交人员。

北苑贡茶的品目计有十多个，一年分十余纲，先后运至京师开封。每年采制新茶开始时，都要举行开焙仪式，监造官和采制役工，都要向远在京师的皇帝遥拜，造出第一批新茶，马不停蹄直送京师。故欧阳修在他的茶诗《尝新茶呈圣俞》中云："建安三千五百里，京师三月尝新茶。"

蔡襄是茶艺高人

蔡襄的书法与苏轼、黄庭坚、米芾齐名，并称"宋四家"。如今开封府景区大门的牌匾就是他的字。蔡襄喜茶、懂茶，当时视为朝廷珍品的小龙凤团茶，有"始于丁谓，成于蔡襄"之说。宋《渑水燕谈录》载："庆历中，蔡君谟为福建运使，始造小团以充岁贡，一斤二十饼，所谓上品龙茶者也，仁宗尤所珍惜。"也就是说，在当时，蔡襄的小龙凤团茶，被视为朝廷珍品，甚至很多朝廷大臣和后宫嫔妃都只能一睹其形貌，难获亲口品尝。

蔡襄还有一段趣闻：一天，欧阳修要把自己的书《集古录目序》弄成石刻，就去请蔡襄帮忙书写。虽然他俩是好朋友，但蔡襄一听，就向欧阳修索要润笔费。欧阳修知道他是个茶痴，就说钱没有，只能用小龙凤团茶和惠山泉水替代润笔费。蔡襄一听，顿时欣喜不已。

"曲有误，周郎顾。"茶有误，蔡襄"顾"。据《墨客挥犀》记载，有一次返乡归隐的蔡叶丞邀请蔡襄来舍下做客，蔡襄刚落座不久，蔡叶丞的另一旧友来访。侍童在下房烹小龙凤团茶时闻知又来了位客人，急得束手无策。因为家里仅有的两块小龙凤团茶都用上了，现在有三位客人，缺一块茶啊，于是就加入了大龙凤团茶一起烹煎。蔡襄端茶一品就发现不对味，于是就问："为什么要将大小龙凤团茶合在一起烹煎呢？"蔡叶丞大吃一惊，忙责问侍童。对曰："本碾造二人茶，继有一客至，造不及，即以大团兼之。"可见，蔡襄辨茶细致入微，精于赏鉴非他人能比。

蔡襄一生爱茶，实可谓如痴如醉，在他老年得病后，医生就叫他把茶戒了，说不戒茶的话，病情会加重。对此，蔡襄无可奈何，只得听从医生的忠告。此时的蔡襄虽不能再饮茶了，但他每日仍烹茶玩耍，甚至是茶不离手。蔡襄对于茶的迷恋，正所谓："衰病万缘皆绝虑，甘香一事未忘情。"

宋人怎么喝茶

　　品茶一直被当作高雅之事，茶养生又有益健康，比酒强。关键是茶可以附庸风雅，可以提升品位，可以抵挡闲愁，可以消解尘梦。和大唐一样，大宋也是把茶抬上了很文艺、很高雅的历史舞台。品茗被士大夫阶层当成一种高雅的艺术享受，显示一种身份和地位。宋人对饮茶十分讲究，就拿环境来说吧，必须要求有凉台、静室、明窗、曲江、僧寺、道院、松风、竹月等。看看宋代的绘画我们就可以发现，宋人饮茶很有韵味，草木风物点缀得当，人物表情沉浸茶香，姿态动作无不流露出欣喜陶醉之情。他们或漫坐，或行吟，或清谈，或掩卷。酒逢知己，茶遇识趣，从来佳茗似佳人，饮茶需要知音或者知己相伴，《高山流水》的曲子需要听得懂的耳朵，好茶需要懂茶的人去品。宋代沈括《梦溪笔谈》卷九就记载了一个具体事例：王城东"素所厚惟杨大年。公有卷九茶囊，惟大年至，则取茶囊具茶，他客莫与也"。"宝剑赠英雄，红粉送佳人"，小坐对饮，衣洁袖净，茶香汤美，品啜之余，或天马行空清谈，或抚琴下棋，或挥毫书画等，无限赏乐。如遇一俗人，对饮座谈，言不由衷词不达意，岂不大煞风景？

　　宋人对茶器十分讲究，蔡襄在他的《茶录》中，专门写了

《论茶器》，说到宋时的点茶器具有茶焙、茶笼、砧椎、茶钤、茶碾、茶罗、茶盏、茶匙、汤瓶。宋徽宗的《大观茶论》列出的茶器有碾、罗、盏、筅、钵、瓶、杓等。南宋审安老人在《茶具图赞》中以传统的白描画法画了十二件茶器图形，称之为"十二先生"。并按宋时官制冠以职称，赐以名、字、号。如炙茶用的烘茶炉叫韦鸿胪，捣茶用的茶臼叫木待制，碾茶用的茶碾叫金法曹，磨茶用的茶磨称石转运，量水用的水杓称胡员外，筛茶用的茶罗叫罗枢密，清茶用的茶帚叫宗从事等。可见，宋人对茶器爱之深。

欧阳修就有一套自己的品茶经："泉甘器洁天色好，坐中拣择客亦嘉。"认为品茶必须茶新、水甘、器洁，再加上天朗、客嘉，此"五美"俱全，方可达到"真物有真赏"的境界。

在苏东坡看来，壶一定要用紫砂壶，好茶必须配好水，"精品厌凡泉"。他在杭州任职时，曾以诗向无锡知县焦千之索要惠山泉水。煎茶的时候应该用活火煎活水，这样煎出的茶味才芳香醇厚。"蟹眼翻波汤已作""蟹眼煎成声未老""蟹眼青泉煮"，把持好火候，所谓蟹眼，指的是水的形态，水熟而滚的最初形状，这才是真正的水熟而未老的嫩汤，最适宜煎茶了。

出神入化的点茶

宋人真的会玩,琴棋书画不说,光喝茶就玩出很多名堂,不是斗茶就是分茶,还可以在茶汤上面画画,一个亭子、一座城楼、一个仕女、一幅山水等皆可浮在茶汤之上,这叫"茶百戏"。笔者厮混于市井开封,常常见到所谓宋代茶艺表演者所演示的宋代点茶,似乎形神俱备,过程也是按照文献记载操作。暂且不论手法、茶器是不是宋代模样,像这样如果一盏茶"搅拌"半天,或两小时以上,茶汤岂不冰凉,口味岂不变化?茶叶粉末拌成糊长时间与空气接触会不会有化学反应?当年宋徽宗如果这样捯饬几小时,群臣岂不站得腰酸腿痛、四肢麻木?两股战战,几欲先走。回归日常生活,用日常生活来验证似乎更加合理吧!家中宾客总不能等半天才等到点好已经降温很多的凉茶。不过宋代的点茶,技法精湛,手法熟练,可以达到出神入化的效果,我辈只可想象,只可仰望。

点茶是宋人的待客之道

姬翼《一剪梅》词云："客至何妨不点茶。相忘交结，冷淡生涯。"苏东坡有诗曰："道人晓出南屏山，来试点茶三昧手。"说北宋杭州南屏山净慈寺中，高僧谦师妙于茶事，品茶技艺高超，得之于心，应之于手，非言传可以学到者。因此，人称谦师为"点茶三昧手"。《诗词曲语辞汇释》卷六《点茶》云："点茶，与点汤同，即泡茶也。"《元曲释词》第一册也列此目："点茶，即泡茶。唐宋时泡茶之法，注汤于盏中，使茶叶浮起，谓之点茶……有时也在茶里放置果品，在宋代惯用木樨、芝麻、熏笋、胡桃、松子、瓜仁等和茶叶掺在一起用汤（开水）泡着喝。"上海辞书出版社出版的《中国风俗小辞典》说起"点茶"这样描述："古代汉族交际风俗。流行于全国各地。泡茶方法之一，相当于现在的沏茶。即注沸水于盏中，使茶叶浮起，以便饮用。"以上解释都是错误的。其他不说，泡茶明代才出现，宋代怎么会有泡茶呢？宋朝前期，茶以片茶（团、饼）为主；到了后期，散茶取代片茶占据主导地位。在饮茶方式上，除了继承隋唐时期的煎、煮茶法外，又兴起了点茶法。

点茶法其实在晚唐时就已出现，到了宋代才成为从文人士大夫阶层到民间都十分流行的饮茶习俗与时尚。和唐代的煎茶法不同，宋代的点茶法是将茶叶末放在茶碗里，注入少量沸水调成糊状，再注入沸水，或直接向茶碗中注入沸水，同时用茶筅搅动，茶末上浮，形成粥面。宋代袁文《瓮牖闲评》卷六："古人客来点茶，客罢点汤，此常礼也。"说明点茶是宋人的普遍待客之道。清代背景电视剧中演出的"端茶送客"习俗该是源于此吧。

宋徽宗是点茶第一高手

点茶的要求很严，技术性也很强。所以，古人有"三不点"之说，就是说点茶的时候，泉水不甘不点，茶具不洁不点，客人不雅不点。宋代胡仔《苕溪渔隐丛话》载："六一居士《尝新茶诗》云：'泉甘器洁天色好，坐中拣择客亦嘉。'东坡守维扬，于石塔寺试茶，诗云：'禅窗丽午景，蜀井出冰雪。坐客皆可人，鼎器手自洁。'正谓谚云'三不点'也。"

点茶时，先要选好优质茶饼。哪些属于优质茶饼呢？"色莹彻而不驳，质缜绎而不浮，举之凝结，碾之则铿然，可验其为精品也。"（《大观茶论》）宋徽宗要求饼茶的外层色泽光莹而不驳杂，质地紧实，重实干燥。点茶前，先要炙茶①，再碾茶过罗（筛），只选取最细嫩的部分，称之为茶粉，其余倒掉。再候汤（选水和烧水）而后将茶粉入茶盏调成膏。同时，用瓶煮水使沸，把茶盏温热。认为"盏惟热，则茶发立耐久"。调好茶膏后，就是"点茶"和"击拂"。

《大观茶论》是宋徽宗赵佶关于点茶的论著，其中关于"点"的描述是："点茶不一，而调膏继刻，以汤注之，手重筅轻，无粟文蟹眼者，谓之'静面点'……有随汤击拂，手筅俱重，立文泛泛，谓之'一发点'……第二汤自茶面注之……三汤多寘，如前击拂，渐贵轻匀，周环旋复，表里洞彻，粟文蟹眼，泛结杂起，茶之色十已得其六七。四汤尚啬……五汤乃可少纵……茶色尽矣。六汤以观立作……七汤以分轻清重浊，相稀稠得中，可欲则止……宜匀其轻清浮合者饮之。""调膏"尚未完成，匆忙注水，击拂无力，见茶不发起，又急忙增汤，这样茶面无法形成"粟文蟹眼"的汤花，称"静面"；后者指击拂时用力太大，不知使用竹筅有轻重缓急之别，又不知茶筅须在茶盏中绕指圆转，茶面上还没有形成粥面汤花，而茶力已尽。有时虽稍泛"云雾"，但很快落下，盏中露出水线，称之为"一发"。宋徽宗不愧是点茶高人，至今无人能比。他写的《大观茶论》把注水的全过程分为七个层次，分别称作第一汤

① 炙茶：陈年茶先在沸汤醮一下，刮去膏油，再用微火烤干。

至第七汤，每"汤"的击拂技艺都有区别。首先茶量得适当，在茶中加少量水，调成膏状。注汤要环盏而注，不直浇在茶上，水势不能过猛，一手轻轻搅动茶膏，腕指环动，上下搅透，这时汤花浮起，形成"疏星皎月"的汤花，此为第一汤。第一汤是后面六次点汤的基础，所以非常重要。第二汤沿汤面四周注之，汤花渐泛出色泽。第三汤注法同第二汤，但击拂渐轻而匀，汤花形成如粟文蟹眼。第四汤注水要少，击拂转度大而慢，茶面生起云雾。第五汤注水稍多，击拂均匀，无所不至，茶面如凝霜雪，茶色完全显露。第六汤只点在汤花郁结之处，使之均匀。第七汤则看茶汤浓度决定是否再点水，如稠稀合度，则停止点水，击拂停止，汤花汹涌牢固地附在盏壁上，称为"咬盏"。实际这七汤是在很短时间完成的，绝对不会捯饬半天，不是画工笔画，而是泼墨山水，一袋烟工夫一气呵成。

蔡襄认为，"茶少汤多，则云脚散；汤少茶多，则粥面聚"。为了控制注水，古人发明了注汤工具——茶瓶。茶瓶又叫汤瓶、执壶、水注等，是嘴小而易于控制水流的器物，使注汤时"汤有节而不滴沥"，便于冲点。点茶时注水要有节制，该注时注，该停时停。注水时，水要从壶嘴中喷涌而出以形成水柱，不能时断时续。不注时，一收即止，不得有零星水滴淋漓不尽。注汤后为使茶膏与水交融成一体，需要打击和拂动茶盏中的茶汤，于是古人先后使用了搅拌茶汤的工具——茶匙、银梗、竹策和茶筅等。梅尧臣《次韵和永叔尝新茶杂言》："石瓶煎汤银梗打，粟粒铺面人惊嗟。"说的是使用石质汤瓶煎汤，使用银质的梗棒击搅，使得茶汤的表面形成小米粒般的泡沫。蔡襄在《茶录》中就介绍了茶匙："茶匙要重，击拂有力，黄金为上。人间以银、铁为之。竹者轻，建茶不取。"到了北宋末期又发明了茶筅。茶筅又称竹筅，后来成为点茶的专用工具。

点茶高手能透过注汤和击拂，让汤纹水脉变换出各种各样的图案，有的像山水云雾，有的像花鸟鱼虫，有的又似各色人物，仿佛一幅幅瞬间万变的图画，更有高手可以使茶面汤花形成文字，连成诗章，或在茶面上点画出禽兽虫鱼花草。北宋陶谷《清异录》记载："馔茶而幻出物象于汤面者，茶匠通神之艺也。沙门福全生于金乡，长于茶海，能注汤幻茶，成一句诗，并点四瓯，共一绝句，泛乎汤表。小小物类，唾手办耳……近世有下汤运匕，别施妙诀，使汤纹水脉成物象者，禽兽虫鱼花草之属，纤巧如画。但须臾即就散灭，此茶之变也，时人谓之'茶百戏'。"

整个点茶过程中，其中候汤最难，罗大经《鹤林玉露》载："汤欲嫩而不欲老……盖汤嫩则茶味甘，老则过苦矣！"北宋著名茶人蔡襄《茶录》中写到点茶之法时说："候汤最难。未熟则沫浮，过熟则茶沉。前世谓之蟹眼者，过熟汤也。沉瓶中煮之不可辩（辨），故曰候汤最难。"

斗茶多乐事

说起开封的豪侠之风，除了泼皮牛二遇到杨志算是倒霉之外，汴京人还是爱行侠仗义的，用现代的开封话讲就是"人物"。在天子脚下住久了，百姓就颇有自豪感，这感觉不但写在脸上，还表现在书法、绘画、遛鸟、玩虫蚁儿、喝茶斗茶上。开封斗鸡历史悠久，同样，斗茶也是历史悠久。斗鸡斗的是鸡，拼的是财。斗茶斗的是人，拼的是才，玩的是技，比的是材，斗的是趣。

斗茶是个技术活

不得不承认，陈寅恪先生说的那句话极好："华夏民族之文化，历数千载之演进，造极于赵宋之世。"同样，茶文化也是"造极于赵宋之世"，斗茶更是在有宋一代进入最为辉煌的时期，并且传入日本，直接影响了日本的茶道。而在宋以后，斗茶进入了休眠期。

宋代饮茶方式由唐代的煎茶法演变为点茶法，而文人骚客却三五小聚，品茗斗茶。他们各取所藏好茶，轮流品尝，决出名次，以分高下。斗茶，又称"茗战"，是宋代时期上至宫廷，下至民间，普遍盛行的一种评比茶质优劣的技艺和习俗。斗茶项目包括茶的色相、茶的芳香、茶汤的醇度乃至茶具优劣等。经众人品评，以上乘者为胜。究其源则已见于唐代："建人谓斗茶为茗战。"唐置"建州"，宋升为建宁府，今天是福建建瓯。这个地方产名茶，宋代之时是贡茶的主要产地。和凡有井水的地方就有柳永词一样，凡有贡茶的地方，每逢春芽新发，就开始斗茶。

唐庚有《斗茶记》短文，记叙了政和二年三月与几个友人献出各自所藏的珍茗，烹水沏茶，互斗次第的情形："……二三君子相与斗茶于寄傲斋。予为取龙塘水烹之，而第其品。以某为上，某次之，某闽人，其所赍宜尤高，而又次之。然大较皆精绝。盖尝以为天下之物有宜得而不得，不宜得而得之者。富贵有力之人或有所不能致，而贫贱穷厄流离迁徙之中或偶然获焉……"《斗茶记》因提出品茶在于"茶不问团铤，要之贵新；水不问江井，要之贵活"的观点，在中国茶文化史上产生重要影响，为历代所重视。

说起水，王安石就精于辨水。相传苏轼被贬到黄州，辞行的时候王安石拉着苏轼的手说："老夫幼年寒窗十载，染成一症，近年经常发作，太医院看是痰火之症。虽然服药，难以除根。只有常饮用阳羡茶才能治愈。这里有圣上赐予我的阳羡茶，需要用巫峡水烹服；而巫峡在四川，路途遥远，老夫几欲差人往取，未得其便。这次借你去眉州接家眷的机会，顺便从巫峡取些江水来。"到黄州后，苏轼就向太守告假要去眉州接家眷，并准备返程时给王安石取些巫峡水。他回到眉州接了家眷，沿途风光秀美，使他流连忘返，竟然忘记在巫峡取水，不觉间就到了西陵峡。他就命人从江心取来一瓮江水，用柔皮纸封固，待冬至节回京之时送与王安石。王安石见到巫峡水后非常高兴，忙煨火烹煎，等到水煮沸，如同蟹眼闪烁之后，将阳羡茶取一撮放在茶碗里，沏入沸水，但只见茶色半晌才慢慢显现出来。王安石有点怀疑水的来源，就问道："此水何处取来？"苏轼道："巫峡。"荆公道："是中峡（巫峡）了？"东坡道："正是。"王安石笑道："可别欺瞒老夫！此乃下峡（西陵峡）之水，如何假名中峡？"苏轼大惊，只得承认道："确实是取下峡之水！老太师何以辨之？"王安石道："读书人不可轻举妄动，须是细心察理。《水经补注》里说，上峡水性太急，下峡太缓。唯中峡缓急相半。太医院官乃明医，知老夫乃中脘变症，故用中峡水引经。此水烹阳羡茶，上峡味浓，下峡味淡，中峡浓淡之间。今见茶色半晌方见，故知是下峡。"

斗茶斗入新境界

民间斗茶是什么样子呢？范仲淹《和章岷从事斗茶歌》记载了民间斗茶的情形，摘录部分如下："北苑将期献天子，林下雄豪先斗美。鼎磨云外首山铜，瓶携江上中冷水。黄金碾畔绿尘飞，碧玉瓯中翠涛起。斗茶味兮轻醍醐，斗茶香兮薄兰芷。其间品第胡能欺，十目视而十手指。胜若登仙不可攀，输同降将无穷耻。"斗茶斗的已经不是茶了，而是面子，胜者扬扬得意，败者垂头丧气。

如果还想直观看到宋人斗茶的情形，我们可以通过南宋画家刘松年的《斗茶图卷》来看看集市买卖茶叶及民间斗茶的景象：几个茶贩在买卖之余，巧遇或相约一起。息肩于树荫之下，各自拿出绝招，斗试较量，个个神态专注，动作自如。元代书画家赵孟頫的《斗茶图》是一幅充满生活气息的风俗画，共画有四个人物，他们身边放着几副只有茶具的茶担。左前一人脚穿草鞋，一手持杯，一手提茶桶，袒胸露臂，似在夸耀自己的茶质优美，满脸得意的样子。身后一人双袖卷起，一手持杯，一手提壶，正将壶中茶汤注入杯中。右旁站立两人，双目凝视前者，似在倾听对方介绍茶汤的特色。

斗茶斗什么？一斗汤色，二斗水痕。蔡襄描述了斗茶的过

程："钞茶一钱匕，先注汤调令极匀，又添注入，环回击拂。汤上盏可四分则止。视其面色鲜白，著盏无水痕为绝佳。"（《茶录》）

开斗之时，观者目不转睛。先看茶汤色泽是否鲜白，汤色的比较也不是简单的白色，而是有青白、黄白之分；纯白者为胜，青白、灰白、黄白为负。（《大观茶论》）蔡襄《茶录》云："以肉理润者为上，既已末之。黄白者受水昏重，青白者受水详明，故建安人斗试，以青白胜黄白。"因为汤色反映了茶的采制技艺。茶汤纯白，表明茶采时肥嫩，制作恰到好处；色偏青，说明蒸时火候不足；色泛灰，说明蒸时火候已过；色泛黄，说明采制不及时；色泛红，是烘焙过了火候。

斗茶过程中，以水痕先者为负，耐久者为胜。也就是说点出的茶不能在盏上留下水痕，谁先出现水痕就为负。宋代主要饮用团饼茶，饮用前先要将茶团茶饼碾碎成粉末。如果研碾细腻，点汤、击拂都恰到好处，汤花就匀细，可以紧咬盏沿，久聚不散；水痕谓之"咬盏""烹新斗硬要咬盏"。"咬盏"是指茶面汤花持续时间长，能紧贴住盏沿不散，如同咬住一般。否则，汤花散退便在盏沿上现出水痕，露出"水脚"。如果汤花泛起后很快消散，不能咬盏，盏中就会露出水痕。所以水痕出现的早晚，就成为茶汤优劣的依据。

新茶一经斗胜，便能身价百倍，"铢两直钱万"。北苑贡茶最好的"即水芽，细如针……每片计工直四万钱"。斗茶就像选秀获冠者，身价倍增啊。

斗茶对用火也很讲究。根据古人的经验，烹茶一是燃料性能要好，火力适度而持久；二是燃料不能有烟和异味。现代使用电磁炉可以随时控制火力，但是已经不是原来的味道了，就算是惠山泉水烹制，估计还是没有山泉水的味道。拿宋代的贡茶，用自来水烹制，照样有氯气味道。没办法，只能学个皮毛，如此而已。

第二章

现代菜色的宋朝身世

油条原来与秦桧有关

我对油条的认知有二：一是老家把油条叫作油馍。有一种油馍是把面和好，擀成饼状撒上油、葱花，再揉成面团，擀成饼状，放到平底锅或鏊子上翻制。另一种油馍是用油炸的，做法更简单，先和一块面，擀成饼状，用刀切成条状，放进油锅炸，炸成金黄色时，捞出即可食用。炸油馍关键在火候，好的炸油馍又香又焦又酥。每年麦收之后，乡村百姓要走"麦罢亲戚"，多是用柳条穿几串油馍放在竹篮里。这样的美食一般是小心品味的，吃不完的要挂在堂屋的梁下，自然风干，吃起来格外筋道，味道格外香。那个年代食物匮乏，油馍便成了上等美食，是走访亲友的必备食品之一。关于油条，我的另一个认识是，这种食品不简单，它蕴含了数百年来百姓的爱憎，百姓喜欢吃不仅是因其好吃，还包含着对奸臣的憎恶与唾弃。

油条就是秦桧肉

油条是北方人常吃的早餐，大部分地区称其为"油条"，这种食物配上豆浆或豆腐脑，实在是完美至极。在开封，这样的早点摊处处有，市民都喜欢吃。我经常看到穿着睡衣的男人或女人用一次性筷子挑着几根油条招摇过市。梁实秋说："烧饼油条是我们中国人标准早餐之一。在北方不分省份、不分阶级、不分老少，大概都欢喜食用。"（《雅舍谈吃》）南北朝时，《齐民要术》已记载油炸食品的制作方法："膏环，用秫稻米屑、水、蜜溲之，强泽如汤饼面。手搦团，可长八寸许，屈令两头相就，膏油煮之。"

我国古代的油条叫作"寒具"，用糯米粉和面，加盐少许，揉搓后捻成环形镯子的形状，用油煎。《东京梦华录》有"油炸环饼"的记载，该是与"馓子"相似吧。

《东京梦华录》还记载了另一种油炸食品："又以油、面、糖蜜造为笑靥儿，谓之'果食'，花样奇巧百端……"这就是宋代的巧果，传统做法为：把白糖放在锅中熔为糖浆，加进面粉、芝麻等辅料，拌匀后摊在案上，晾凉之后切成均匀的长方形，最后再折为梭形或圆形，放到锅中油炸至金黄即可。有些女子还会用一双巧手，把这些色泽艳丽的饼捏成各种与七夕传说有关的花样。这种油炸食品仅是七夕节用，没有走入日常生活。《梦粱录》中记载的"油炸从食"，则是油条之类的食品正式步入历史舞台。而油条与秦桧的关联则在《清稗类钞》中找到了记载："油炸桧，点心也，或以为肴之馔附属品，长可一尺，捶面使薄，以两条绞之为一如绳，以油灼之。其初则肖人形，上二手，下二足，略如乂字。盖宋人恶秦桧之误国，故象形以诛之也。"

民间传说，油条起源自南宋时的杭州。当时的杭州称为临安，城里有一座众安桥，桥下有两家吃食摊，李四卖芝麻葱烧饼，王二卖油炸糯米团。当时朝廷昏庸无能，卖国降金的宰相秦桧和其妻王氏横行当道，致使尽忠报国的抗金英雄岳飞因莫须有的罪名被害于杭州风波亭。消息传开后，一时间群情激愤，街头巷尾议论纷纷，痛骂卖国贼秦桧。王二和李四听到这一消息后，非常气愤。李四不由得攥起拳头往案板上一敲：你看我来整治这小子，非叫他不得好死。于是从面案上揪下两块面疙瘩，捏成两个面人。一个是吊眉秦桧，一个是翘嘴王氏。放在案板操起刀，对王二说："你看着，我叫这老奸贼碎尸万段！"王二忙说："甬！这不解恨，得叫他点天灯，下油锅！"为了泄愤，王二拿起面团捏成一男一女两个小人的形状，并让它们背靠背黏在一起丢进油锅里，百般烹炸，令其满锅打滚，翻来覆去，不断煎熬，直至"皮焦骨酥"，并取名叫"油炸桧"。他们大声吆喝："都来看哪，秦桧下油锅哩！"附近行人围拢相望，无不拍手称快。一对面人捞出后，你揪一块，他拽一截，你撕他咬，都觉解恨，纷纷要求李四就照这样多做多炸。人们争相购买，既解心头之恨，又充腹中之饥。其他食铺见状，也争相仿效，几乎整个临安城都做起了"油炸桧"，并很快传遍全国。刚做的时候，怕得罪秦桧，所以最早这个"桧"，是写成火字偏旁的"烩"。消息很快就传到了秦桧那里，他立即派人逮捕这些人。人们为求自保，只好将"油炸烩"改叫为"炸油条"。

清人顾震涛《吴门表隐》中讲："油炸桧，元郡人顾福七创始。然始于宋代，民恨秦桧，以面成其形，滚油炸之，令人咀嚼。"清末《南亭笔记》记载济南早晨有童子卖油炸桧之事。可见在清末这种食物才传到北方，叫油炸鬼，连梁实秋先生也被整蒙了。他说："我生长在北平，小时候的早餐几乎永远是一套烧饼油条——不，叫油炸鬼，不叫油条。有人说，油炸鬼是油炸桧之讹，大家痛恨秦桧，所以名之为油炸桧以泄愤。这种说法恐怕是源自南方，因为北方读音鬼与桧不同，为什么叫油鬼，没人知道。"元代的张国宾所写的《罗李郎大闹相国寺》杂剧中有这样的唱词："小哥说：我四五日不曾吃饭，那边卖的油炸骨朵儿，你买些来我吃。我侯兴买了五贯钱的油炸骨朵儿，小哥一顿吃完，就胀死了。"周作人推测说："按骨鬼音转，今云油炸鬼是也。"油炸骨朵儿大约确是油炸鬼的前身。清初康熙年间的学者刘廷玑在《在园杂志》卷一记载了一次他

由浙东观察副使奉命引见，渡黄河，到了王家营，见草棚下挂
"油炸鬼"数枚。他记载了做法："制以盐水合（和）面，扭
作两肢如粗绳，长五六寸，于热油中炸成黄色，味颇佳。"这
种食物俗名"油炸鬼"，也就是油条。

传说寄托着人们对奸臣的恨，在开封朱仙镇，几百年来流
传下一个烧秦桧的风俗。每年农历正月十四到十六日三日，庙
里道人用砖瓦泥塑一个秦桧像，下有口，肚里空，拿桑柴一
烧，秦桧便耳口眼鼻七窍生烟，人们便欢呼、叫骂，真解恨。
有人拿烧饼在其上烧，烤得黄焦再吃，称吃秦桧肉。

开封油条酥脆焦香

开封油条制作的时候，面粉中要加小苏打（或碱）、矾、
盐，再添水，和成软面团，反复揉搓使匀。饧过之后，擀成
片，切成长条，取两条合拢压过，抻长下入油锅内，用长筷子
不断翻转。由于受热，面坯中分解出二氧化碳，产生气泡，长
条就膨胀起来。炸成油条，色棕黄并鼓之圆胖，酥脆而香。

民国开封，百味小吃闹东京，开封的油条不断升级创新，
有双批油条、四批油条、八批油条、杠油条、小焦杠油条。当
时戏台演员随口唱道："卖油条的大嫂真能干，长得漂亮身体
健，真香油，细白面，油果子炸得黄灿灿，保证秤头不缺欠，

捎包回家敬老年。"

据《开封商业志》记载，正劲小杠油条，民国年间以大南门里白秃（佚名）和徐府坑张家的最著名，新中国成立后以朱少巨制作的有名。1978 年被定为名产风味小吃。翻劲杠油条，新中国成立后以车站食堂温义高制作的最为著名，1956 年和 1978 年两次被定为名产风味小吃。

对于一个吃货而言，在开封总能遇到心仪的食物。一次在饭店竟然吃到了一道"油条拌黄瓜"的凉菜，黄瓜片配切断的油条段放入盘中，调入盐、鸡精、醋、蒜泥、香油拌匀即可，加入荆芥味道更佳。

我曾一度喜欢到东郊吃一家焦油条，店家炸的时间长一些，炸得焦黄酥脆，再配上绿豆糊涂或豆沫，佐以凉拌咸菜丝，吃起来十分舒爽，香而不腻。

开封油饼香喷喷

记忆中关于故乡的食物，除了饺子、面条之外就是油饼了，而且必须是葱花油饼。每年的初春，新葱刚刚上市的时候，母亲就会在地锅里烙油饼。以面粉、葱花、植物油、五香粉、盐为原料烙制而成。特点是两面柿黄，层次分明，外焦里筋，酥香利口。少年时代，葱花油饼是最好的干粮，烙好的油饼可以放三五天不变质，而且是愈放愈干，啃起来堪比新疆的馕，不过吃起来比馕更香。我尝试做过几次葱花油饼，不说和面，单是火候就不好把握，总是有些黑糊，影响口感；不然就是太干，吃起来垫牙。我曾一度怀疑是煤气灶的原因，因为少年时代母亲用的是地锅，烧的是劈柴。后来换了地锅照样做不成功，可见是技术不行。故乡的风味，不是每个人都可以复制的。

历史悠久的开封油饼

开封油饼，历史悠久。老开封都称其为烙饼，豫东农村更习称"烙馍"，有咸有甜，所谓甜并不一定是添加了糖，而是与咸相比味道淡一些而已。一般采用小麦面团，用水和面——冬天用温水，夏天用凉水——不用发酵，百姓称其为"死面"。把面团擀成水盘大小的圆张，甜饼极薄，不加任何调料，咸饼略厚，常常佐以葱花、油、盐，所以咸饼又称葱花油饼。将擀好的饼，放在烧热的铁锅、平底锅或鏊子上翻烤。甜饼一正一反（即先烤一正面，再烤反面）即熟，多伴以绿豆芽、黄瓜丝、菠菜、粉条，加用醋蒜汁、芝麻酱或小磨油调拌的"货菜"吃；咸饼讲究"三翻六转"，不需另外烧菜，一碗大米或小米稀饭，或是面汤即可，朴素简单，边吃边喝，舒舒服服，十分滋润。

北宋东京城有一种"莲花饼"有十五隔，每隔有一折枝莲花，作十五色。北宋东京城已有专营的"饼店"，分为胡饼店、油饼店。明代饼类更为繁多，蒋一葵《长安客话》的"饼"文中，按成熟方法将饼分为三大类：水瀹①而食者皆为汤饼；

---

① 音同"月"，意思为煮。

笼蒸而食者皆为笼饼，亦曰炊饼（"蒸饼"当然是用蒸汽蒸熟的饼，北宋仁宗的名字叫赵祯，为了避讳皇帝名字，于是"蒸饼"改为"炊饼"）。武松的哥哥武大郎卖的就是这种食品。炉熟而食者皆为胡饼（"胡饼"因来自西域而得名）。此时饼仍作为面食的统称，直至清中叶以后，饼才开始指扁圆、长方形的面食品。

咱单说油饼。《东京梦华录》一书中记载："凡饼店有油饼店，有胡饼店。若油饼店，即卖蒸饼、糖饼、装合、引盘之类。胡饼店，即卖门油、菊花、宽焦、侧厚、油碢、髓饼、新样、满麻。"孟元老回忆旧京繁华，说京城里的油饼店，每个案板上有三五个人，有人专门负责"捍剂"，就是把小面团擀开，供装馅。有人专门负责"卓花"，在做好的生面饼上点缀花色图案，分工明确，然后入炉烘烤。每天五更开始，桌案的响声，远近都能听得到。而只有武成王庙前海州张家、皇建院前郑家的生意最兴盛，每家有五十多座烤炉。搁在今天，如果一家饼店有五十多座烤炉在同时加工，场面也是甚为壮观，我保证可以申请吉尼斯世界纪录了。这得多大的店啊，每天得消耗几十袋面粉吧。"自土市子南去……得胜桥郑家油饼店，动二十余炉……"郑家油饼店生意也很好，竟然有二十多座炉子同时开工，其热闹繁忙的场面可见一斑。另外，在《东京梦华录》里面还可以看到如曹婆婆油饼、张家油饼，也都是京师著名的饼店，反映出对于这种饼类的食物，食者众多。油饼本是家庭平常的食物，却在市场上颇受欢迎，这也从另一个侧面反映出京师百姓生活的富裕。用孟元老的话讲就是"市井经济之家，往往只于市店旋买饮食，不置家蔬"。

油饼还被作为"看盘"进入国宴。《东京梦华录》《梦粱录》说到皇帝赐宴，"每分列环饼、油饼、枣塔为看盘，次列果子。惟大辽加之猪、羊、鸡、鹅、兔，连骨熟肉为看盘，皆以小绳束之"。这是说看盘有两行，一行是饼，一行是果子，有外族加一行是熟肉。油饼作为看盘，能够上御宴，可见这普通的油饼还是很不平凡的。看盘不能吃，仅是礼节性展示。

失传的大油饼

丰富多样的"饼"构成了古代面食的一大特色，而且是各具特色。据《太平广记》记载，在当时曾经发生过这样一件有趣的故事："王蜀时，有赵雄武者，众号赵大饼。累典名郡，为一时之富豪。严洁奉身，精于饮馔。居常不使膳夫，六局之中，各有二婢执役，当厨者十五余辈，皆着窄袖鲜洁衣装。事一餐，邀一客，必水陆俱备。虽王侯之家，不得相仿焉。有能造大饼，每三斗面擀一枚，大于数间屋。或大内宴聚，或豪家有广筵，多于众宾内献一枚，裁剖用之，皆有余矣。虽亲密懿分，莫知擀造之法。以此得大饼之号。"三斗面擀一张饼，而且"大于数间屋"，应该是真正的"大饼"了。《北梦琐言》也记载了这个故事。这个叫赵雄武的官员，当过好几任地方官员，廉洁奉公，不但官当得很干净，而且食品也做得干净漂亮。是一位清官美食家，尤其善于做大饼。他从来不请厨师，饮食方面他自己操作。当然，凭他的手艺也没人敢到他家应聘厨师，打下手的倒有十五个。助手们都穿着窄袖子的工作服，而且衣着一定要干净。哪怕家里只请一个客人，也要各色菜肴俱全，山珍海味样样不缺，哪怕是王侯之家都赶不上。且说他造的大饼，每一张大饼需要三斗面粉做料。不知道是不是膨化的效果，饼出来后有几间房那么大，堪称世界最大"比萨"了。

个头大，味道如何呢？据说皇宫里头举行宴会，豪宅大院举办宴席，都要买他做的饼。宾客们剖分而食，赞不绝口。

这饼是怎么做的？对不起，历史没记载，只能怪赵大饼知识产权意识太重，哪怕最亲密的亲人朋友，都不能得知他制饼的秘籍，至今再也看不到哪里有卖如此大饼的了。

吴凯先生曾经回忆开封另一家知名的油饼店，在书店街，名叫春祥油饼店。大约是在 1947 年，油饼很有特色，外焦内软，里面一层又一层，虽薄如纸却很有嚼头。配上大葱蘸酱很可口。吴凯先生总结两点，一是面揉得好，二是火候掌握到位。这使我想起小时候吃过的母亲做的油饼，为什么我做的总是没有那时候的味？主要是我没有揉好面，没有掌握好火候。再好的灶具也做不出可口的美食，更是缺少故乡的味道。

北宋皇帝吃过西瓜吗

　　小时候在黑白电视中看《猪八戒吃西瓜》，感觉十分好玩。这猪八戒贪吃，竟然囫囵吞下西瓜而不知西瓜的美味，煞是可爱。少年时代故乡还是集体农业，豫东杞县老家几乎不种西瓜，也就吃不到西瓜，倒是经常吃地瓜和冬瓜，所以十分羡慕猪八戒。长大后，定居在西瓜之乡，开封的沙地十分适宜西瓜生长，于是格外喜欢吃开封西瓜，研究开封文献的时候也格外注意与西瓜有关的描述。有学者称《清明上河图》的"河岸巡边小贩摆摊的桌子上，陈列着切开的西瓜"，其实是不可能的。西瓜好吃，但是北宋皇帝见不到西瓜，市井百姓更不会看到。开封西瓜虽然有名，但不是每一种食物都可以上溯到北宋的。西瓜在开封的广泛种植应该是在南宋初期开始的。

西瓜何时入中原

西瓜，顾名思义就是从西面传来的瓜。它何时传入中原呢？这需要我们先理顺一下它的种植小史。关于西瓜，有的说法是早在汉代已传入，随着丝绸之路的贸易发展，先是传入新疆，最后才传入内地。翻阅文献，欧阳修在《新五代史·四夷附录第二》中叙述了西瓜引进中原的最早文字记录，说是五代时期的胡峤，居契丹七年，作《陷虏记》："自上京东去四十里，至真珠寨，始食菜。明日，东行，地势渐高，西望平地松林郁然数十里。遂入平川，多草木，始食西瓜。土人云：契丹破回纥得此种，以牛粪覆棚而种，大如中国冬瓜而味甘。"由此可知，大约在隋唐之际，西瓜已传到少数民族回纥的活动区域（现在的新疆维吾尔自治区）。五代时引种到当时契丹族——辽王朝的统辖区，当时西瓜并不一定传入中原，可以证明的是，胡峤在北方吃过西瓜，仅此而已，并没有说他带回来西瓜。

这样我们就明白了，为什么在北宋《太平御览》上详细记载了各种瓜果的名称和特征，然不见有西瓜之名。南宋初年回忆旧京繁华的《东京梦华录》，在叙述东京城不同时节的各种瓜果时，也没有提到西瓜。这说明当时中原地区还没有西瓜，所以就无从写起。北宋时期，就是皇帝佬也吃不到西瓜啊。

可以吃到西瓜的南宋人

　　西瓜在南宋种植的记录，可以从当时一位官员洪皓的笔记中找到佐证。宋高宗建炎三年（1129）洪皓出任金国通问使，在金国住了十五年，绍兴十四年（1144）回到中原。他在《松漠纪闻》中记载了西瓜，说："西瓜形如扁蒲而圆，色极青翠，经岁则变黄。其瓞①类甜瓜，味甘脆，中有汁，尤冷。……予携以归，今禁圃乡圃皆有。亦可留数月，但不能经岁，仍不变黄色。鄱阳有久苦目疾者，曝干服之而愈，盖其性冷故也。"这段记事表明，是洪皓把西瓜种带回江南，流传开了，在宫廷和民间善加培育。西瓜性寒，南方人用西瓜来解暑疾，治眼病，效果极佳。

　　公元1170年，南宋诗人范成大出使金国，途经东京故城，目睹旧京一派颓废，战火破坏繁华之城，异常痛心。诸多风物中他独对西瓜情有独钟（也说明西瓜是新生事物吧），写下《西瓜园》一诗："碧蔓凌霜卧软沙，年来处处食西瓜。形模濩落淡如水，未可蒲萄苜蓿夸。"他还在该诗自注中说："味淡而

──────────
　　① 指小瓜，尤其指还在秧上、未长熟的小瓜。

多液，本燕北种，今河南皆种之。"可见，南宋初年时西瓜已在开封种植。

有一个故事说的是御医诱惑宋高宗吃西瓜。有一次宋高宗拉肚子，召御医王继先进来开几服止泻药。王继先见过皇帝，装出一副天热难耐的样子，奏请道："臣口渴得厉害，陛下能否赏赐几块西瓜，待臣吃完，再静心为陛下诊治。"于是高宗命人取来西瓜，王继先一连吃了好几块。高宗奇怪地问："瓜是否甜得很？"王继先答道："陛下，岂止甜得很，味道美极了。"高宗看别人津津有味地吃了半天，自己也忍不住想吃几口，就问他："朕现在能否吃这类东西？"王继先递给高宗一块西瓜，并说："臣要西瓜，正是想启动陛下的食欲，臣愿陪陛下一同受用。"

高宗也吃了几块，令他感到奇怪的是，他的腹泻止住了。高宗惊异地问王继先："你没开一方一药，靠什么神通治好了朕的病呢？"王继先抬头看看窗外，笑而不答。在高宗的追问下，他才说出原委："陛下是因为中暑而引起腹泻的，西瓜又恰能祛暑，所以吃几块西瓜，解解暑，就没事了。"

洪皓把西瓜带到了南宋，这是可信的。西瓜此时在中国慢慢得到推广。南宋的文天祥就写了一首《西瓜吟》："拔出金佩刀，斫破苍玉瓶。千点红樱桃，一团黄水晶。下咽顿除烟火气，入齿便作冰雪声。"可见，文天祥吃的西瓜还是黄瓤的呢。

汴梁西瓜浑身是宝

西瓜素有"夏季水果之王"的美称,又有"天然白虎汤"①的佳誉,因而深受人们喜爱。开封从金朝就开始广泛种植西瓜,到了元朝初年,开封周围的农田被改为牧地,西瓜全被摒除。公元 1288 年,元朝改南京路为汴梁路,开封称汴梁自此而始。而在 1194 年黄河在阳武决口,从此黄河改道在开封南北流动,开封土质变沙,更加适宜西瓜生长,再次大面积种植西瓜,汴梁西瓜由此得名。

至今我们仍可以从《如梦录》中看到明代开封人过中秋节喜欢吃西瓜的记载:"至八月十五日中秋佳节,祭月光,家家虔设清供月饼、西瓜、素肴、果品、毛豆等类,请客饮酒,名曰'西瓜会'……节礼用月饼、西瓜、鲜果、鸭、鹅、肉肘。"(参见孔宪易校注《如梦录·礼仪节令纪第十》)说明明代开封人不但喜欢吃西瓜,还把西瓜当作一种探访亲友的礼品。1642 年,明朝守城将士为了抵挡李自成起义军的进攻,挖开了黄河大堤,生灵涂炭,汴梁西瓜,付之东流。清康熙年间,诗人丁日乾《过汴城诗》云:"沙垄尚沉前代碣,田畴非复故侯

---

① 由石膏、知母、甘草、粳米四味药组成,是医圣张仲景创制治疗气分热盛的千古名方。把西瓜比作天然白虎汤,是形容西瓜清热解暑的效果神奇。

瓜。"(《康熙开封府志》卷三十四《艺文》)

汴梁西瓜在清代中后期继续广泛种植。《祥符县志》上说，东到陈留，西到中牟临界，北与封丘临界，南与尉氏临界，为开封疆域；在这辽阔的土地上种植西瓜，是汴梁西瓜的原产地，与山东德州、浙江平湖并称为"全国三大西瓜产区"。1938 年，花园口决堤，汴梁西瓜再次遭受灭顶之灾，天灾人祸，西瓜和百姓遭遇浩劫。自此，汴梁西瓜质量下降，良莠不齐。1959 年在兰州召开全国西瓜、甜瓜座谈会，会上评比，汴梁西瓜名列倒数第二。为此，1973 年在湛江召开的全国出口工作会议上，周恩来总理曾指示："一定要恢复汴梁西瓜的名誉。"（参见《河南省开封市果品公司志》油印本）在开封市蔬菜科学研究所的培育下，建立优良种植基地，汴梁西瓜再次走向辉煌。

俗话说"萧山石榴砀山梨，汴梁西瓜甜到皮""荥阳柿子孟津梨，汴梁西瓜红到皮"。汴梁西瓜皮薄汁浓、肉多籽少、瓤沙脆甜、清香爽口。元人方夔《食西瓜》诗云："香浮笑语牙生水，凉入衣襟骨有风。"由此可见，西瓜这一美食，自古以来人见人爱。西瓜全身是宝，夏季食用，不但可以排火降热、止渴爽神，还是一帖清散暑热、祛解暑毒的良药。外地客人一吃汴梁西瓜，连声赞叹："好吃！好吃！"一座城市除了美景，就是美食了，有吃，有玩，怎不令人流连忘返、乐不思蜀呢？

糖炒栗子故都情

"黄金周"休假到杭州寻找汴京风味，可惜的是大好时光被导游给浪费了。如果不跟团，车票、住宿难解决；跟团则不能自由活动，计划好的街巷寻访以及南宋遗址探寻没能成行，只好等待下次了。最后一天在杭州龙井路的农家院前，意外买到了所谓的野生栗子，个小，格外香甜。卖家说是山上野生的，十分美味，每斤二十五元。什么东西只要一沾上"野"字就行情见涨了。在车上品味这好吃的糖炒栗子，忽然就想起了宋代的历史现场，那个时候也有糖炒栗子。宋金时期，以汴京的最为难忘，无论南宋的杭州，还是金代的中都，一枚栗子经过炒制，便成连接汴京故都的舌尖乡愁。

栗子思乡情

食物不仅连接着胃，还通往心扉。旧日风味常常永驻心间，久久不能忘怀。不是时间问题，而是地理问题。一直以为只有开封书店街的糖炒栗子好吃，殊不知，在杭州、北京，都有好吃的糖炒栗子。汪曾祺说，北京的糖炒栗子其实是不放糖的，昆明的糖炒栗子真的放糖。昆明炒栗子的外壳是黏的，吃完了手上都是糖汁，必须洗手，而栗肉为糖汁沁透。而在开封吃的糖炒栗子没有糖汁，貌似与北京的差不多。

栗子又称板栗，在古代是重要的农作物，《史记·货殖列传》有"燕秦千树栗……此其人皆与千户侯等"的记载。栗子可代粮，被誉为"木本粮食""铁杆庄稼"。每年的秋分前后，就算在不是栗子产地的中原开封，素有"干果之王"美称的栗子也会满城飘香。

栗子是一种极有益于人体的美食，古时与桃、李、杏、枣并称"五果"。清代食疗专家王士雄在《随息居饮食谱》一书中说，栗子"甘平，补肾益气，厚肠止泻，耐饥，最利腰脚"，又说"生熟皆佳，点肴并用"。可见，用它炒着吃，也有强身健体的作用。糖炒栗子，吃到嘴中，满口甜香。

我在北京曾经观察过他们的糖炒栗子，看起来与开封的做法如出一辙。其制作方法是：精选优质板栗，而后放进装有粗沙和糖稀的锅里翻炒而成。清代乾嘉年间郝懿行所著《晒书堂笔录》卷四"炒栗"条，记录了"糖炒"的情形："栗生啖之益人……然市肆皆传炒栗法。余幼时自塾晚归，闻街头唤炒栗声，舌本流津，买之盈袖，恣意咀嚼。其栗殊小而壳薄，中实充满，炒用糖膏则壳极柔脆。手微剥之，壳肉易离而皮膜不黏，意甚快也。及来京师，见市肆门外置柴锅，一人向火，一人坐高兀上，操长柄铁勺频搅之，令匀遍。其栗稍大，而炒制之法和以濡糖，藉以粗沙，亦如余幼时所见，而甜美过之。都市炫鬻，相染成风，盘飣间称佳味矣。"

陆游在《老学庵笔记》中讲过这样一个故事："故都①李和燖②栗，名闻四方，他人百计效之，终不可及。绍兴中，陈福公及钱上阁恺出使虏庭，至燕山，忽有两人持燖栗各十裹来献，三节人③亦人得一裹，自赞曰：'李和儿也。'挥涕而去。"由此可知，李和是汴京的名厨，在外族人侵犯家园时，其儿带着糖炒栗子的绝技流落于燕山一带，他将自己做的糖炒栗子献给故国的使者，表达自己希望祖国统一的愿望。有一年，周作人读到了陆游在《老学庵笔记》的这段话，勾起了他内心的苦楚。周作人写《炒栗子》一文，云："糖炒栗子法在中国殆已

———————————
① 指北宋汴京。
② 即"炒"。
③ 随从人员。

普遍，李和家想必特别佳妙……三年前的冬天偶食炒栗，记起放翁来，陆续写二绝句，致其怀念，时已近岁除矣，其词云：

> 燕山柳色太凄迷，话到家园一泪垂。长向行人供炒栗，伤心最是李和儿。
>
> 家祭年年总是虚，乃翁心愿竟何如。故园未毁不归去，怕出偏门过鲁墟。"

一枚板栗，竟然通达故园家国……

汴京李和炒栗传南北

赵翼在《陔余丛考》卷三十三《京师炒栗》中记载："今京师炒栗最佳，四方皆不能及。按宋人小说，汴京李和炒栗名闻四方……盖金破汴后流转于燕，仍以炒栗世其业耳，然则今京师炒栗是其遗法耶。"靖康之难之后，北宋东京以炒栗名闻四方的李和及其家人，作为能工巧匠被金人掳至燕京后，将其技术传至当地，并一直延续下去。清朝北京的炒栗就传自汴京名家李和，依然为全国最好的炒栗。

汴京李和炒栗一直被模仿，从未被超越。河南大学历史学教授、中国宋史研究会副会长程民生研究，指出糖炒栗子源于北宋东京。北宋后期东京名产之一有"旋炒子""爆栗",其中以"李和爆栗"名气最大。笔者在孟元老《东京梦华录》卷八《立秋》看到了关于李和的记载,说:"鸡头上市,则梁门里李和家最盛。……士庶买之,一裹十文,用小新荷叶包,糁以麝香,红小索儿系之。卖者虽多,不及李和一色拣银皮子嫩者货之。"这里的鸡头可不是卤鸡头,而是新鲜茨实,俗称"鸡头菱"。茨实是一种多年生睡莲科水生植物,多生于池塘或湖泊沿岸浅水之中。西塘有一种特产就是茨实糕,味道很好。陈平原教授考证说因果实呈圆球形,尖端突起,状如鸡头,故名。李于潢在《汴宋竹枝词》,曾咏其事云:明珠的的价难酬,昨夜南风黄嘴浮。似向胸前解罗被,碧荷叶裹嫩鸡头。

如此看来,这李和不仅会炒栗子,还善于炒茨实。

宋代散文大家苏辙晚年得了腰腿痛的毛病,一直治不好。后来,一位山翁授他一秘方,即每天早晨用鲜栗十颗捣碎煎汤饮,连服半月。苏辙食用后果然灵验,不禁赋诗曰:"老去日添腰脚病,山翁服栗旧传方。经霜斧刃全金气,插手丹田借火光。入口锵鸣初未熟,低头咀嚼不容忙。客来为说晨兴晚,三咽徐收白玉浆。"诗中道出了栗子的食疗功效。

陆游一生坎坷,却能活到八十五岁高龄,这与他一生注重饮食养生有很大关系。他喜欢吃栗子,深谙栗子的养生作用,晚年牙齿松动,还是难以舍弃吃栗子的爱好。他在《夜食炒栗有感》诗中写道:"齿根浮动叹吾衰,山栗炮燔疗夜饥。唤起少年京辇梦，和宁门外早朝来。"陆游自注道："漏舍待朝，朝士往往食此。"他回忆起当年在大内北门和宁门候早朝，以炒栗充饥之事。南宋的官员在上早朝的时候，竟然可以吃炒栗子之类的果品早点。如此看来，这南宋杭州的炒栗，还是从北宋东京城传过来的，他们怀念的还是旧京师风味的食品。南宋杭州，市面上的栗子食品更多，"秋天有炒栗子"，素点心店有"栗糕"，粉食店中有"栗粽"（《梦粱录》）。此外，亦有用"山栗、橄榄薄切同拌，加盐少许"而成的菜肴，因"有梅花风韵，名梅花脯"。还有用山药、栗子切片后用羊汤等烧成的"金玉羹"（《山家清供》）。而千百年来，也只有汴京李和的炒栗子最叫人怀念，没有之一。

锅贴和锅贴豆腐

锅贴在开封人心中占据的历史地位是比较重要的。锅贴和锅贴豆腐是两种食物，前者是主食，后者是菜肴，二者算是近亲吧，关于锅贴的菜肴有"锅贴鱼片""鸡汁锅贴""锅贴鲤鱼"等，食材不同，味道各异。不过毕竟都是姓"锅"，在制作方法上还是有一些相同之处的。

羞辱日本宪兵的锅贴

我一直怀疑锅贴就是饺子的变异，饺子用水煮，锅贴用油煎，使用的器物和加工的方法不同而已。锅贴该是和水煎包属于"堂兄弟"吧。一直以为锅贴在清代开封才有，查阅《东京梦华录》没有发现锅贴的记载。后来在《开封饮食志》和《开封市志》发现，锅贴早在北宋东京就有，只不过名字不一样罢了。在北宋东京，有一种食品叫"煎角"，后来的饺子啊锅贴啊烫面角啊，都是从"角子"演变而来。饺子历史悠久，在北宋不叫饺子，叫"角子"。如今豫东地区的老百姓在家包的一种中间圆两头尖的包子一直称之为"角（音同'决'）子"，像极了农村手工缝制的老年人棉鞋模样，只不过个头要小。《东京梦华录》里载北宋东京的市场里有卖"水晶角子""煎角子"的。《清明上河图》画面上，在众多的饮食摊店中有一个伞形篷下挂有"角子"招牌的小吃摊。在明代以前，还没有"饺"这词，后来讲的"馄饨"就是"饺子"，《清稗类钞·饮食类》："北方俗语，凡饵之属，水饺、锅贴之属，统称为馄饨，盖始于明时也！"在北宋时期的开封市井，一种"水晶角子"或"煎角子"的食品已经受到了吃货们的好评。这种"煎角子"拉开了锅贴食品的帷幕，一个"煎"字细致刻画了锅贴的核心工艺。

开封锅贴多以韭黄、猪肉为馅，死面为皮，形似小船，用平底锅煎成黄焦酥脆的带翅儿。回民餐厅采用牛肉、羊肉馅儿，还有素馅锅贴。近代开封著名的"天津稻香居锅贴铺"开业于光绪八年（1882），地址选在鼓楼商圈的核心区域——南书店街南头路东，两间门面房，后面是四间餐厅，店主叫邵书堂，人称邵大，因聘用的锅贴老师是天津人，所以就在字号前冠以"天津"二字。该店制作的锅贴选料严谨，制作精细，黄焦酥脆、皮筋馅香、灌汤流油、鲜美溢口，深受顾客好评。调馅和包生锅贴都不是难事，关键是入锅制作，必须依次摆放在平底锅内，加入清水用武火煮制；水干后，再浇上稀面水，待水消尽，淋入花生油再用文火煎制，锅贴至柿红色的时候即成。

遗憾的是，这家锅贴店在开封沦陷期间关门停业，一停就是三四十年。传说停业是因为老板得罪了日本人。这日本人喜欢把饺子生煎，在开封一看有如此好吃的锅贴，就格外欢喜，不断骚扰，有的不给钱，生意难以维持。店老板也是忍无可忍，于是就把锅贴当武器，与日本兵来了一次斗智斗勇。有一天晚上，又来了一群日本兵，多是从鼓楼西南侧的宪兵队出来的。在食品中投毒违背职业道德，还是羞辱他们一番吧。当晚，店老板亲自出手，用一小型圆平底锅，将生锅贴排成一个圆形，做锅贴浇面水的时候故意加了一点红颜色，做出来的锅贴不但焦黄，而且还隐隐透红。店主一改过去铲起就放盘子的方式，直接找一大的白色搪瓷盘，整锅倒扣。端上之后，日本宪兵吃得可欢，赞不绝口。临走时这伙儿宪兵想讨好队长，于是店主就再制作了一份这样的锅贴，连同圆形白色搪瓷盘一起端走。店主知道不妙，连夜打发好店员逃出开封。宪兵队长吃过锅贴之后，愈想愈不对劲，这不正是把日本的"膏药旗"给吃了吗？这还了得。第二天一早就抓人，已经人去店空了。

这店一停，开封人吃不到这么好的锅贴了。老开封们十分怀念过去的味道。政府开始抢救挖掘风味小吃，1961 年，曾在

3

"天津稻香居锅贴铺"当过学徒的著名厨师邢振远在开封恢复锅贴制作，但是没有形成规模。1976 年开封饮食公司出资在马道街中间路西原新世界理发厅旧址重建锅贴店铺。开封人可以吃到地道的锅贴了。这里的锅贴 1980 年被评为河南省名优小吃，1997 年被中国烹饪协会评为"中华名小吃"。

锅贴豆腐：民乐亭饭庄的镇店名菜

马道街前段开始展露民国风的时候，我到现场寻找过民乐亭饭庄，因为历史变迁仅仅找到大致位置，已经不见当年的痕迹。民乐亭饭庄与冯玉祥有关。1928 年冯玉祥改相国寺为中山市场，把相国寺钟楼改为茶社书场，取名"民乐亭"。1929 年高云桥在此开设餐馆，沿袭旧名，主要以相国寺游人为服务对象。1932 年迁到了马道街南头路西，经营中档宴席及面点。高云桥的儿子高寿椿学艺多年，在烹饪界颇为知名。他在民乐亭饭庄做的锅贴豆腐广受欢迎，被顾客称为镇店名菜，早在 20世纪 30 年代就享誉中州。

锅贴豆腐制作时选用净鱼肉（鸡脯亦可），豆腐做主料。以猪肥肉朥、青菜叶、蛋清、粉芡、盐、姜汁、大油、味精打成暄糊；豆腐捺成泥，掺到糊内搅拌，再将肥肉朥切成方形薄片，将打好的糊抹在上面，把收拾好的菜叶铺在上面，抖上干粉芡面，挂上蛋清糊，入热油锅炸成微黄色，捞出剁成长条块，装盘即成。此菜特点是外焦里嫩、鲜香利口、入口即化，佐以花椒盐食之，别有风味。

民乐亭饭庄虽然无迹可寻了，但我们依旧能在开封吃到地道的锅贴豆腐，有时胡同深处一家很小的店面就有正宗的豫菜。所谓酒香不怕巷子深，美食同样不怕胡同长。

灌肠和灌肺

曾经因为视觉疲劳，我把开封的灌汤包念成"灌肠包"。没想到，开封还真有"灌肠"美食。首先声明，灌肠与医学无关，不要有其他联想。这个世界，远比我们想象的更加丰富多彩，更加妩媚多姿。没有想不到，只有看不到或遇不到。诸多美食，令人垂涎三尺。好吧，我们开始一一品味。

灌肠曾救苏轼命

在北京街头，可以吃到灌肠。这道食品看起来色泽粉红，鲜润可口，咸辣酥香，别有风味。据说清光绪福兴居的灌肠很有名气，人称普掌柜为"灌肠普"，传说其制作的灌肠为慈禧太后所喜。各大庙会所卖的灌肠是用淀粉加红曲所制。据说最初的灌肠是用猪小肠灌绿豆粉芡和红曲，蒸熟后，外皮白色，肠心粉红。后来由于猪小肠与淀粉不相合，就用淀粉搓成肠子形，上锅蒸，但保持了灌肠的名称。后来也不用绿豆粉了，颜色也不像以前的好看。炸灌肠的时候须先将成型的灌肠切片，在饼铛中炸至两面冒泡变脆，即取出浇上拌好的盐水蒜汁趁烫吃。老北京的灌肠以长安街聚仙居的最好。北京的导游说，灌肠在明朝开始流传。《故都食物百咏》中提到煎灌肠说："猪肠红粉一时煎，辣蒜咸盐说美鲜。已腐油腥同腊味，屠门大嚼亦堪怜。"开始我也被北京的导游给蒙住了，以为这灌肠就是起源北京，后来读《东京梦华录》才恍然大悟。《东京梦华录》记载北宋东京的灌肠、炒肺，每份不过二十文。

传说苏轼在五十二岁那年当上了杭州太守。有一年杭州一带大旱，庄稼颗粒无收。太守苏轼开仓放粮，救了一方百姓。地方土豪暗中告他借救灾之名，行贪污之实。抚台大人听信谗言，将苏轼拘捕查办，并奏朝廷判决。土豪买通了牢狱看守，要他们暗使手脚将苏轼饿死。一天，看守提着一个篮子进来，对他说："有人给你送来美味佳肴了。"说着，将篮子往地上一放，捂着鼻子出去了。苏轼凑近一看，是一篮子又腥又臭的猪肠子，他用手向下一扒，却冒出一丝香味，于是，就从下面抽出一个肠子，用鼻子一闻，香气醉人，再一尝，香甜可口。不久，皇帝派钦差前来查明了此案，苏轼官复原职。出狱后苏轼立即打听肠子菜的来由。原来，杭州有位姓陈的屠夫深感苏太守恩德，曾几次送去美味的肉菜，都被看守吃掉了。无奈，才想出了这个办法。还真骗过了看守，救了苏轼的性命。苏轼再三感谢陈屠夫的救命之恩，高兴地把这菜叫作"灌香肠"。

灌肠是因制作工艺而出名，清代翟灏《通俗编·饮食》引《齐民要术》云："有灌肠法，细锉羊肉，及葱盐椒豉，灌而炙之，与今法无异也。"古人喜欢烤着吃，用小刀一片一片切着吃，很是惬意。《事物绀珠》载："灌肠，细切猪肉料，拌纳肠中，风干。"由此可见，这灌肠的做法与开封香肠的做法没有什么区别，仅是名字稍微变化了一些，都是传统食品。

开封香肠主料为猪瘦肉和猪肠衣，肉要剔除筋膜，将肉绞碎，把肥肉切成一厘米的小方块；再将肥瘦肉拌匀，加入各种辅料，拌至有黏性为止。洗净肠衣控干水分，将配好的肉灌入肠衣，注意粗细均匀，将肠扎孔放气，打结，每节十六厘米，两节为一对，悬挂于阴凉处风干。成品呈枣红色，有光泽，形体为竹节形，粗细均匀。表皮干燥有皱纹，略有弹性，味美可口，食而不腻，余味久长。

开封还有以羊肉为原料的香肠，以料酒、白糖、姜汁、花椒油、食盐为配料，先用配料制成料汁，把羊肉切成细长小条，放入料汁浸渍十五分钟。然后把羊肉灌入肠衣，每隔十厘米用麻绳扎为一节，每挂有六至七节。挂于通风、干燥、阴凉处阴干即成。色泽淡褐，质地干爽。食时或蒸或煮，切片拼盘，助餐佐酒均宜。

灌肺曾是宋代名吃

如果您穿越到北宋，在京城，就会发现在城门口、街头和桥头集市多有早市。"每日交五更，诸寺院行者打铁牌子或木鱼循门报晓……诸趋朝入市之人，闻此而起。诸门桥市井已开……直至天明。"这是《东京梦华录》卷三《天晓诸人入市》中，所记述的城门和桥头早市的景象。早市上的买卖有瓠羹店的灌肺和炒肺，粥、饭、点心等早点。

南宋时的杭州，就把北宋的灌肺带去。《梦粱录》一书记载，当时的"市食"中有"香辣灌肺"；《武林旧事》一书则记载有"香药灌肺"。灌肺如何制作，南宋典籍语焉不详，但稍晚的元代的《居家必用事类全集》一书中却说得很清楚：羊肺带心一具，洗干净如玉叶①。用生姜六两，取自然汁，如无，以干姜末二两代之，麻泥杏泥②共一盏，白面三两，豆粉二两，熟油二两，一处拌匀，入盐、肉汁。看肺大小用之③。灌满，煮熟。

南宋时期的"香辣灌肺"除增加香料，还要加芥末（辣椒

---

① 洗净的肺叶。
② 芝麻及杏仁制成的糊状物。
③ 各种配料的用量根据肺叶的大小而定。

要到明代才传入中国）、胡椒一类辣味，使得灌肺又香又有辣味。制作香药灌肺并不是很难，先取羊肺一具，反复灌水洗净血污，将淀粉加入姜汁、芝麻酱、杏仁泥、黄豆粉、肉桂粉、豆蔻粉、熟油、羊肉汁、适量盐、清水少许调成薄糊，边灌边拍，使之灌满羊肺，然后用绳子扎紧气管口子，与羊肉块同煮，熟时切成块状，蘸醋、芥末或蒜泥之类调味品食之，口味咸香软糯，风味独特。

南宋杭州有"灌肺岭桥"，北宋的时候就叫灌肺桥，亦名瓦子后桥。灌肺巷就是以出售灌肺而出名的。但现时开封、杭州的小吃、点心中，已经没灌肺这一名吃了。好在新疆维吾尔族保留了这一工艺，制作方法与元代书籍记载的一样，只是不在羊肺中灌装那么多香料、调料。做法是把羊肺中的血放出，将面浆、清油灌入其内，即为面肺子。

汴京包子甲天下

小时候，我对包子的印象就是母亲包的角子，就是到镇上市场上卖的也多是角子，像个楦头一样，里面有素馅或肉馅，我最喜欢母亲做南瓜馅角子。长大后，到开封读书，发现这个城市多是卖包子的幌子。午朝门广场还没扩建的时候，每天早晨我们学校在湖东岸跑操，我经常见到一面杏黄旗，上书“开封灌汤包子”。开始我很纳闷，怎么是“灌肠”？我念出声后惹得同学哈哈大笑，原来是“灌汤”。就这样我深深地记住了开封的包子。毕业参加工作后，周末回县里的时候总要给父母捎去开封的包子品尝品尝。

与老家的角子相比，开封的包子味道更美一些。角子吃的是乡愁，包子吃的是文化。开封包子就是这座古城的另一种象征，历史的厚重，文化的包容。一张面皮，可以包下几千年的历史故事和民俗风情。城墙宛如一张皮，豫剧、斗鸡、胡辣汤、花生糕、木版年画、书法、河南坠子等都包容进去。灌汤包子内容精美别致，吃面、吃肉、吃汤被整合成一只包子，这就是开封文化的魅力。一座城是一个包罗万象的文化包子，不但有夏朝味、北宋味，还有明清味、民国味。常言道："根在中原，家在河南。"离开开封谈河南与离开包子谈开封一样，是不完整的。

宋朝的馒头不是馒头，包子不是包子

在宋代，馒头不是馒头，包子不是包子。为什么这样说？这主要因为它们与现在的馒头和包子不一样。馒头起源于三国时期。最早的馒头是在内部包入羊肉、猪肉馅料，做成人头形状，以此代替人来祭拜河神。这是宋代《事物纪原》书中的记载。宋代的馒头为一种有馅的发酵面团蒸食，形如人头，故名。其品种甚多，见于文献记载的有四色馒头、生馅馒头、杂色煎花馒头、糖肉馒头、羊肉馒头、太学馒头、笋肉馒头、鱼肉馒头、蟹黄馒头、蟹肉馒头、笋丝馒头、裹蒸馒头、辣馅糖馅馒头、薰馒头、巢馒头等几十种。薰馒头，即以香菇做馅的馒头。

包子之名最早出现在《清异录》中。五代后周京城汴州城间阊门外的张手美，随四时制售节日食品，他在伏日制售的"绿荷包子"，是最早有记载的开封包子。孟元老《东京梦华录》记载北宋东京的小吃店就有瓠羹店、油饼店、胡饼店、包子铺等。

由于发酵技术的革命，馒头、包子发展到北宋，成为首都开封的全民食品，包子铺和酒肆、茶坊一样，在开封人的生活中处于重要地位，有史可考的就有"灌浆馒头""羊肉馒头""梅花包子""太学馒头""汤包""素包""豆包"等。这种饮食风尚后来影响了整个大宋乃至今天河南人的饮食，甚至大江南北的饮食，南方的生煎包子似乎也与此有关。至今，豫东农村包的三角形的包子，里面放糖的还叫糖包。

不过，那时候的包子以冷水面制皮，多为素馅。而馒头以发酵面制皮，馅心为肉类，也就是今天的肉包子。北宋以后，馒头在中原地区渐成为无馅之发酵面制品，包子则成为以多种面团制皮、包有荤素各类馅心的面食的统称。

在宋代还有一种食品叫酸馅（一作"馅"），酸馅是什么食品？它是一种与馒头形状极其相似的面食，有学者认为，酸馅即"今日的素馅包子"。欧阳修《归田录》卷二云："京师食店卖酸馅者，皆大出牌榜于通衢。而俚俗昧于字法，转酸从食，馅从臽。有滑稽子谓人曰：'彼家所卖馂馅①，不知为何物也。'"酸馅有肉、素两种。肉酸馅见于《梦粱录》卷十六《荤素从食店》中，素类酸馅有七宝酸馅等。到了元代，酸馅

① 即"酸馅"，一种包馅的面食。

主要是素包子了，《居家必用事类全集》记载了酸馅的做法：
"馒头皮同，褶儿较粗，馅子任意。豆馅或脱或光者。"

宋朝皇帝爱吃包子

宋神宗特别喜爱吃包子，因此当时开封的包子是最有名的。太学馒头源于北宋太学。据传，元丰初年的一天，宋神宗去视察国家的最高学府——太学，正好学生们吃饭，于是令人取太学生们所食的饮馔看看。不久饮馔呈至，他品尝了其中的馒头，食后颇为满意，说："以此养士，可无愧矣！"从此，太学生们纷纷将这种馒头带回去馈送亲朋好友，以浴皇恩。"太学馒头"的名称由此名扬天下，成了京师内外人人皆知的名吃。北宋南迁之后，太学馒头的制法又传到了杭州，成为那里著名的市食之一。据孙世增先生研究，太学馒头的制法颇为简便，它是将切好的肉丝，拌入花椒面、盐等佐料来作馅，再用发面做皮，制成今日的馒头状即可。其形似葫芦，表面白亮光滑，具有软嫩鲜香的风味特色，即使是没有牙齿的老人也乐于食用。

王栐《燕翼诒谋录》卷三载："大中祥符八年二月丁酉，值仁宗皇帝诞生之日，真宗皇帝喜甚，宰臣以下称贺，宫中出包子以赐臣下，其中皆金珠也。"

《鹤林玉露》记载，北宋蔡京的太师府内，有专做包子的女厨。这些女厨分工精细，有切葱丝的，有拌馅的，有和面的，有包包子的，等。京城有一个读书人娶了小老婆，她说自己曾在当时太师蔡京的家里做过厨娘，专门负责蒸包子。读书人就让她做包子，她又说不会做。读书人就问她："你既然在蔡京的家里专门蒸过包子，怎么不会做包子？"她回答说："我在那里专门负责给包子馅切葱丝的。"流水线的包子制作，反映了宋代包子制作技术的精湛。

《东京梦华录》载汴京城内的"王楼山洞梅花包子"为"在京第一"。另外，鹿家包子也很著名。《东京梦华录》中有"更外卖软羊诸色包子"记载，虽未点出包子的具体名目，但从"诸色"一语中可见宋朝时开封包子品种之多。南宋时，包子已成为一种大众食品，品种已经比较繁多，人们以甜、咸、荤、素、香、辣诸种辅料食物制成各种各样的馅心包子。其中仅吴自牧《梦粱录》、周密《武林旧事》等书中就载有大包子、鹅鸭包子、薄皮春茧包子、虾肉包子、细馅大包子、水晶包、笋肉包、江鱼包、蟹肉包、野味包子等十余种。

宋代面条花样多

在我个人的记忆中，面条就像乡村麻雀一样平常，无论冬夏皆可遇。父亲爱吃面条，一天三顿面条都不烦。小时候我不明白父亲为什么如此偏好面条，多年之后，双林弟弟在微信中给我私信，讲起他小时候的一件事，他说："以前我最讨厌吃面条，哪怕是一天三顿馒头都可以。自从出去打工后自己也喜欢吃面条了，因为面条吃起来省钱，既能吃饱，还有汤和菜。记得小时候大伯给我说了一句话，直到现在记忆犹新，说双林小儿啊，自己好好干、好好干，只要是自己挣的，别人吃肉，咱吃面条，打嗝喽一样闻，最起码咱心里踏实。"弟弟一语道破了天机，这面条就是父亲大半生来最忠实的食物。

小时候，我和妹妹都喜欢吃他擀的大宽面条，吃起来筋道，像烩面一样爽口。"可以粗到像是小指头，筷子夹起来扑棱扑棱的像是鲤鱼打挺。"（梁实秋语）他有他的诀窍，就是和面的时候打两个鸡蛋，这面就筋，口感就好。富人天天山珍海味，穷人天天面条，一天都是二十四小时，最平常的食材才是最本真的生活，就像萝卜、白菜一样，百姓最喜欢吃也最吃不厌烦的还是这些东西。一根擀面杖，一块案板，一瓢面粉就解了一日三餐，可以配肉，可以配菜，甚至一段生葱切成葱花，用盐和小磨油简单腌制之后就可以下锅。经典的葱花面，经常出现在大饭店的餐桌上。

古代面条叫什么

中国面条起源于汉代，那时面食统称为"饼"，因面条要在"汤"中煮熟，所以又叫"汤饼"。高承《事物纪原》卷九《汤饼》云："魏晋之代，世尚食汤饼，今索饼是也。"汤饼据今人考证实际上是一种面片汤，将和好的面团托在手里撕成面片，下锅煮成。在汤饼的基础上发展成的"索饼"，这是中国历史上最早的水煮面条。东汉时期的索饼是用手搓揉延引成长而细的面线形态，是边制作边投入沸汤中煮熟的。

早期的面条有片状和条状。片状是将面团托在手上，拉扯成面片下锅而成。到了魏晋南北朝，面条种类增多。这个时期，擀面杖的出现，是面条的一次革命，再也不用以手托面团拉扯了，故就有了"不托""馎饦"的称呼。《齐民要术》记有"水引饼"的制法，是一种长一尺、"薄如韭叶"的水煮面食，类似阔面条。在唐代，面条的称谓多了起来，又有以"冷淘""温淘"称之。其中"冷淘"指凉面，"温淘"指过水面。那种叫作"冷淘"的过水凉面，风味独特，诗圣杜甫十分欣赏，称其"经齿冷于雪"。

宋元时期，"挂面"出现了，如南宋临安市上就有"猪羊罨生面"以及多种素面出售。面条在宋代得到了充分的发展，成为饭粥之外最重要的主食。

宋代面条品种丰富多彩

到宋代，面条正式称作面条，而且品种更为丰富，出现了"索面"和"湿面"，面条开始有了地方风味之别。当时北宋东京城内，北食店有"罨生软羊面""寄炉面饭"之类，南食店有"桐皮熟烩面"，川饭店有"大燠面"，寺院则有"菜面"；南宋临安城内，有北味、南味之分，如北味"三鲜面"，南味"鹅面"，山东风味的"百合面"。市场上出现的面条还有炒面、煎面及多种浇头面等。面条的品种与花样逐渐增多，遂形成独特的地方风味，也成为当时人们的日常主食。这时制面的技术已比较进步，质量也非常好。《清异录》中列举的"建康七妙"，其中有一妙是"湿面可穿结带"，是讲调配揉制的面团做成的面条，下锅煮后韧性更大，就算打起结或像带子那样挂起来也不会断。

宋代面条形式多样。笔者查阅《东京梦华录》《武林旧事》《梦粱录》《山家清供》等书，发现关于面条的记载就有近百种，如：𬂩生软羊面、桐皮面、插肉面、大熝面、菜面、百合面、铺羊面、𬂩生面、盐煎面、笋淘面、素骨头面、大片铺羊面、炒鳝面、卷鱼面、笋泼面、笋辣面、笋菜淘面、七宝棋子、百花棋子、姜泼刀、带汁煎、三鲜棋子、虾燥棋子、虾鱼棋子、丝鸡棋子、拨刀鸡鹅面、家常三刀面、血脏面、鱼面、丝鸡面、三鲜面、笋泼肉面、炒鸡面、大熬面、子料浇虾燥面、耍鱼面、肉淘面、银丝冷淘面、抹肉面等。（参阅《中国饮食史》）

蝴蝶面，源于宋代的一种汤饼。宋人笔记《东京梦华录》《都城纪胜》以及《梦粱录》中，均有对蝴蝶面的记载。明代蒋一葵《长安客话》云："水瀹而食者皆为汤饼。今蝴蝶面、水滑面、托掌面、切面、挂面……秃秃麻失①之类是也。"清代饮食专著《调鼎集》还记载有蝴蝶面的制食法："盐水和面擀薄，撕如钱大小，鸡汤肉臊。"随着时代和烹饪技术的发展，如今蝴蝶面在传统制食法的基础上有很大改进，既可煮又可炒，食法多样。

梅花汤饼，用白梅花、檀香末浸水和成薄面皮，以模具凿

---

① 秃秃麻失，回族面点，又名手撇面。硬面切成条状，一手拿面条，一手边揪小疙瘩面，边在案板上用大拇指搓成筒状形，煮熟拌菜肉汤即可，麻辣为主。

成梅花片，煮熟加鸡清汤而成。汤鲜"花"香，味道极美。梅花汤饼据传是宋代一位德行高尚的隐士所创造，后传于世。宋代林洪《山家清供》上有记载梅花汤饼的制作方法，是先用白梅花和檀香末浸泡的水和面，揉或擀成馄饨皮大小，放在印有梅花图案的铁模子里，将面皮凿成一朵朵"梅花"。再把"梅花汤饼"入沸水煮熟后，放入鸡清汤中供客人食用。这种梅花汤饼面条构思新颖，清新别致，制作精巧，色、香、味、形有机结合，有山林幽静、回归自然和吃法美妙的特点。这种梅花形面片汤，由于片薄、汤鲜，可谓形美、味美。鲜美的清汤里漂浮着一朵朵洁白清香的小梅花，可以想见此汤饼的色香味都是清绝的。

元代，可以久贮的"挂面"问世。明朝初，"抻面"开始出现了。明代宋诩《竹山与山房杂部》第一次记录了"扯面"的制作方法，扯面是用手拉成面条，故称"扯面"。"用少盐入水和面，一斤为率。既匀，沃香油少许。夏月以油单纸防覆一时，冬月则覆一宿，余分切如巨擘。渐以两手扯长，缠络于直指、将指、无名指之间，为细条。先作沸汤，随扯随煮，视其熟而先浮者先取之。齑汤同煎制。"这种做法与现在的烩面、拉面大同小异。

开封拉面"口吹飘飞"

我曾听开封王馍头老字号的掌柜王安长先生讲过,当年开封沦陷期间,王馍头拉面在相国寺生意极好。老掌柜的徒弟何梦祥是个拉面高手。何梦祥是杞县人,1933年来到开封,先在"尉庆楼"当学徒,后到王馍头拉面馆。他体格魁梧,强壮有力,为人憨厚。当学徒时因被师傅看中,遂以拉面技艺为终身职业。由于他制作的拉面具有光滑筋香的风味特色,被食客誉为"馍头家拉面"而传颂于世。原来拉面在开封只有三四个品种,何梦祥对此并不满足,他研究四季不同的水温并探索配料,经过多年的试验,创制了窄薄条、宽薄条、一窝丝、空心面、夹心面等品种。1958年,他参加河南省技术大比武的时候用三两水面拉出了十三公里的长度(《开封饮食志》下册),令观者惊叹,人称"细如发丝""口吹飘飞",一举夺得拉面第一名。1960年,他出席全国财贸部门技术革新和技术革命表演大会,表演拉面技艺。他做的龙须拉面,细如发丝而无并条、断条,名列第一。

吃一碗风味独特的宋朝捞面

如今，每到夏天，午饭最好吃的不过一碗捞面条，鸡蛋西红柿卤制作简单，食材随处可取。如果在制作卤的时候加入一把荆芥，清凉味便弥漫其间，更是爽口。前段时间看元人绘画，刘贯道的《消夏图》所绘场景令人神往，在没有空调的漫长时代，古人的乘凉憨态可人。忽然我就想起了古人的凉面，他们是如何做捞面条的呢？一定是手擀面了，地锅煮熟，井水过一遍，浇入不同的卤，吃起来一定风味独特。

槐叶冷淘，始于唐兴于宋

槐叶冷淘出现在唐代，以槐芽汁和面做成面条，煮熟，再经寒泉水淘过制作而成。宫中夏日制作，赐予臣下，以示皇上恩宠。民间也吃。杜甫在四川曾写过《槐叶冷淘》诗，说它

"碧鲜俱照箸""经齿冷于雪"。老杜赞美了古代的一种捞面——槐叶冷淘。这是将槐叶汁和面做成面条煮熟之后,放在冰水或井水中浸后而成的。所以有"经齿冷于雪"之感。杜甫在这首诗的末联云:"君王纳凉晚,此味亦时须。"皇帝晚上乘凉的时候也吃这种珍贵的山村美味凉面啊。冷淘,在唐代史料上记载较多,用植物的叶汁和面在当时就是一种时尚。作为一种盛夏的消暑食物,也被诗人津津乐道。《唐六典》载:"太官令夏供槐叶冷淘。凡朝会燕飨,九品以上并供其膳食。"可见唐代宫中已盛行夏日吃槐叶冷淘。之所以如此,是因为槐叶味凉苦,用其汁和面做冷淘,在夏天食用后可以使人去热降火。

《东坡诗集后集》有一首《二月十九日携白酒鲈鱼过詹使君食槐叶冷淘》,美食家苏轼写了:"枇杷已熟粲金珠,桑落初尝滟玉蛆。暂借垂莲十分盏,一浇空腹五车书。青浮卵碗槐芽饼,红点冰盘藿叶鱼。醉饱高眠真事业,此生有味在三余。"苏轼带着白酒、鲈鱼到友人处吃了一餐槐叶冷淘。正是枇杷初熟色呈金黄之时,诗人尝到刚酿成的桑落酒,酒中尚带有"玉蛆"(白色酵米)。诗人要用满杯莲花玉盏中的酒,来浇满腹文才难以展现的苦闷。碧绿的槐芽制成冷淘面,浮在圆盘上,鲈鱼片加藿叶调味,点缀白瓷盘之中。醉饱睡着之后,也是很有意思的。从诗中可以看出,宋代的槐叶冷淘制得很美,青的冷淘配红的鱼脍、白的桑落酒,色彩也美,味道更美。

《山家清供》有"槐叶淘",记载了做法:在夏天采摘好槐叶，用开水略浸，研细后滤青汁，和面做淘，用酱醋做成调味汁，将面条细密摆在盘中端上来，看上去青碧可爱。

宋代面条发展迅速，制作技艺也高。细面条明显增多，苏东坡有"汤饼一杯银线乱"之句，陆游有"银丝入釜须宽汤"。出现抻面的萌芽，"水滑面"得"抽、拽"用水浸透的面块，成薄片状后"下汤煮熟"。在面条成熟方法上，煮之外，出现炒、煎、熬等法，面条的质感也就不一样。出现多种浇头面及掺和畜肉、虾肉、食药制成的面条。在宋代，早期的地方风味也已出现，有北方面条、四川面条、素面条等。饮食市场进一步细化，出现了更多的"冷淘"。据《东京梦华录》《梦粱录》《武林旧事》《都城纪胜》等古籍记载，宋代的"冷淘"主要有：笋菜淘面、银丝冷淘、甘菊冷淘等。

甘菊冷淘，风味独特的宋朝捞面

在《东京梦华录》中提到冷淘的地方很多，大凡是卖面食的食店皆有冷淘。冷淘在宋代的品种也更多，其中最为著名的要算是"甘菊冷淘"了。"甘菊冷淘"就是甘菊嫩叶汁和面做成的面条。王禹偁《甘菊冷淘》诗云："淮南地甚暖，甘菊生篱根。长芽触土膏，小叶弄晴暾。采采忽盈把，洗去朝露痕。俸面新且细，溲牢如玉墩。随刀落银镂，煮投寒泉盆。杂此青青色，芳草敌兰荪……"王禹偁详细地描述了"甘菊冷淘"的制法及特点，即将采摘来的新鲜甘菊榨出汁，和入面粉中揉成团。用刀切成细条，煮后投入"寒泉盆"。由于掺进了甘菊汁，所以"冷淘"其色青青，芳香浓郁，色香味俱佳。

《事林广记·饮馔类》中收录了"翠缕冷法"："梅花采新嫩者，研取自然汁，依常法溲面，倍加揉搦，直待筋肕。然后薄捍（擀）、缕切，以急火瀹汤，煮之。候熟，投冷水漉过，随意合汁浇供。味既甘美，色更鲜翠，且食之益人。此即坡仙法也。""翠缕冷法"就是用梅花汁拌和面粉制成的冷面，因其色翠绿，故名。这一食品，实则是杜甫所歌咏过的唐代"槐叶冷淘"的发展。

宋代两京的食肆上还有"银丝冷淘"和"丝鸡淘"等出售，丝鸡淘即是鸡丝冷面。《东京梦华录》还记载了杂技艺人"倒食冷淘"的新技艺，就是头朝下吃捞面条。陆游在《春日杂诗》中有"佳哉冷淘时，槐芽杂豚肩"，可见冷淘也有与荤食同吃的。元代《云林堂饮食制度集》中亦有"冷淘面法"，是用鳜鱼、鲈鱼、虾肉等做"浇头"的冷面，风味也很佳美。明清时北京的冷淘面相当有名，有"京师之冷淘面爽口适宜，天下无比"之誉。《帝京岁时纪胜》说："夏至大祀方泽，乃国之大典。京师于是日家家俱食冷淘面，即俗说过水面是也。"

我一直怀疑，这开封拉面，使用的冬瓜羊肉卤，是不是与宋代的冷淘有关呢？开封拉面一定要过水，否则不爽口，这也是宋代捞面的进一步发展吧。

白菜曾是赵匡胤最爱

刚大学毕业求职那阵子，好容易不再吃学校食堂的大锅菜了，自己买了一套灶具，装模作样地自己采购、自己掌勺，到市场看见啥想吃就买啥，好像这就是小康生活一样。我买过长蛇一样的长豆角，不好吃。我还买过竹笋，做不好，不好吃。曾经我以为已经跳出了"农门"，如今已经"人模狗样"了，不该再吃从小到大一直吃的大白菜了，平常的大白菜便宜我也不买，有时买稀罕的韭黄，吃得胃酸。经过一段时间的自我折磨，我忽然发现，吃来吃去，还是萝卜白菜养人，无论物价多么上扬，白菜依旧低调朴素，去掉奢华，静待客来。

百菜不如白菜

白菜古代就已有之，只不过名字不叫白菜罢了，叫"菘"，这个名字初见于东汉张机的《伤寒论》。古代的白菜叶子小且不包心,远不能与现代白菜相比。我们已经无法品尝或见到汉代白菜了,但是历经这么多年,白菜一直多有变化,无论质量、形状还是味道。据文献记载,汉代的菘和蔓菁相类似;南北朝之后,菘开始有了变化。大约在唐宋时期,经过人工培育,菘在与来自北方的芜菁自然杂交后,植株由小变大,发展出散叶、半结球、花心和结球四个变种。笔者在李时珍的《本草纲目》中看到关于菘的记载:"菘性凌冬晚凋,四时常见,有松之操,故曰菘。今俗谓之白菜,其色青白也。"其实白菜之名在宋代已经出现。苏颂在《图经本草》中说:"菘,旧不载所出州土,今南北皆有之。与芜菁相类,梗长叶不光者为芜菁;梗短叶阔厚而肥瘠者为菘……扬州一种菘,叶圆而大,或若箑,啖之无滓,绝胜他土者,此所谓白菘也。"可见,到了宋代,优良的白菜品种已培育成功。实心白菜结实、肥大、高产耐寒,且滋味鲜美,故诗人苏轼用"白菘类羔豚,冒土出熊蹯",比喻白菜像羊羔和小猪肉一样好吃,是土里长出来的熊掌。生长在宋都开封一带的结球白菜随宋廷南迁,又回到了江南,在南宋行都临安称为"黄芽菜",又称"黄芽白"。同时,结球白菜在金朝和元朝统治时期,在今北京及周边地区得到迅速发展,并在明清时期成为北方一些地方的当家菜。元末明初《辍耕录》记载,当时的大白菜"大者至十五斤"。从而可以想象,那时的白菜和现代的已没啥差别了。明代更把河南的黄

芽白菜誉为菜中之"神品"。清代光绪元年（1875）河南白菜
在日本东京展出，当年日本爱知县试种，从此，白菜传入日本
各地。

赵匡胤和京冬菜

京冬菜扒羊肉源于北宋初年，是一道雅俗共赏的名菜。说
起京冬菜还有一段饶有趣味的传说。据传，宋太祖赵匡胤当初
孤身闯荡江湖，在一座寺院内搭救了被草寇欲占为妻的赵京
娘，京娘为感谢救命之恩，欲以身相许。一日行至陈州城外，
天色已晚，人困马乏，因剩银两不多，便住进一家小店，相求
店婆婆随意做些吃的充饥。时值冬季，因无时令鲜菜，婆婆无
奈取来两棵大白菜——她的兄弟在城内开酱园作坊，数日前这
两棵菜掉进酱缸内了。婆婆把菜叶切丝，配以肥嫩羊肉和鲜豌
豆子各做一盘菜下饭。赵匡胤和京娘食之甚香。京娘问赵匡胤
盘中黑色菜丝叫什么菜。赵匡胤趣答，在京城东与京娘共餐，
就取名"京东菜"（后称"京冬菜"）吧。

画家齐白石有一幅写意大白菜图，题道："牡丹为花之王，
荔枝为果之先，独不论白菜为菜之王，何也？"其实，若论起
产量与营养，白菜是当之无愧的"蔬菜之王"。

《本草纲目拾遗》说"白菜汁，甘温无毒，利肠胃，除胸

烦，解酒渴，利大小便，和中止嗽"，并说"冬汁尤佳"。白菜根煎服治伤风感冒，用白菜根、葱白、白萝卜加生姜煎制的"三白汤"，不但治感冒，还治气管炎。白菜可以清炖，可以凉拌，或荤或素皆可入味。

我的记忆中有冬季储存大白菜的画面，城市好像也储存，乡村则需要窖藏白菜，用玉米秸秆盖住再撒上土，基本上就可以过冬了。确保白菜不烂，想吃的时候揭掉干叶就可以制作佳肴。整个冬天几乎天天都与白菜打交道：熬菜、酸辣白菜，放入腊八蒜罐子中的白菜切成小块直接下酒。白菜养人，白菜是"百菜之王"，是厨房中的"大众情人"。

吃羹还是老开封

首先声明一点，我这是诚心邀请大家品味老开封的各种羹，绝对不是叫大家吃闭门羹。说起闭门羹还真有些小故事。众所周知，"闭门羹"意为拒客，但"闭门"何以与"羹"联系起来呢？原来，"闭门羹"一语始见于唐代冯贽《云仙杂记》所引《常新录》的一段话："史凤，宣城妓也。待客以等差。甚异者，有迷香洞、神鸡枕、锁莲灯；次则交红被、佳香枕、八分羹；下列不相见，以闭门羹待之，使人致语曰：'请公梦中来。'"

少年时代，我只知有汤而不知有羹，待客用的"汤匙"我们那里叫"调羹"，貌似很有学问的样子。一直以为汤和羹是不同的食物，后来读到了《闲情偶寄》才得知原来它们是一家："汤即羹之别名也。羹之为名，雅而近古；不曰羹而曰汤者，虑人古雅其名，而即郑重其事，似专为宴客而设者。"羹是与饭相搭配的，无羹就不能下饭。几千年的老开封本身就是一锅熬了八个朝代、添加历史现场、留存文化记忆的老汤。至今，在街头随处可见的仍然是各式各样"汤"的招牌。黄河文明孕育的中原文化则更是汤浓味厚，其他地方所不及也。

到宋代去吃羹

《说文解字》说："五味和羹也。"五味和羹，在肉中加上菜、醋、酱、盐、梅五种调料。可见古人喜欢吃羊肉，所谓"羹"不就是上面一只羔羊下面一个美字吗？羊肉好吃，羊肉多喝汤，至今开封还有很多羊肉汤锅。

大宋南迁，不仅人才，还有诸多美食也到了江南。久居东京的宋五嫂南逃，同小叔在西湖边以捕鱼为生。一次，小叔淋暴雨患重病卧床不起。当日五嫂正为其煮鱼、烧蛋，不料官丁进村抓丁造皇宫。宋嫂为小叔向官丁苦苦哀求，不慎碰翻了灶上的酒醋瓶。待官丁走后，锅中鱼蛋已成羹状。小叔食之觉异常鲜美，胃口大开，很快康复。随后人们争相效仿，并称之为"宋嫂鱼羹"，因其色泽黄亮，鲜嫩滑润，宛若蟹羹，故又名"赛蟹羹"。后遇宋高宗乘船游西湖，与宋五嫂相谈，她便端出鱼羹，高宗思乡情怀顿时油然而生。高宗对鱼羹赞誉有加，并赏赐文银百两给宋嫂。从此，宋嫂鱼羹就传开了。宋嫂鱼羹是用鳜鱼或鲈鱼蒸熟后，剔去皮骨，加上火腿丝、香菇竹笋末及鸡汤等作料烹制而成。其形状、味道颇似烩蟹羹菜，故又称赛蟹羹。此羹呈鲜黄色，鲜嫩滑润，味道鲜美。多年之后，俞平伯在《双调望江南》中写道："楼上酒招堤上柳，柳丝风约水明楼，风紧柳花稠。鱼羹美，佳话昔年留。"前面描写西湖楼外楼，后面的"鱼羹美"，就是"宋嫂鱼羹"了。

　　苏东坡不但创作了东坡肉，还创作了东坡羹。"东坡羹，盖东坡居士所煮菜羹也。不用鱼肉五味，有自然之甘。其法以菘若蔓菁、若芦菔、若荠，揉洗数过，去辛苦汁。先以生油少许涂釜，缘及一瓷碗，下菜沸汤中。入生米为糁，及少生姜，以油碗覆之……"将蔓菁、萝卜洗净切成寸段，生姜洗净切块，粳米淘净一起放入砂锅，加水煮成稠粥，加入白糖即成。其羹不用鱼肉五味，有自然之甘美。苏东坡还记载了一种用芋艿与粳米粉做成的玉糁羹："过子忽出新意，以山芋作玉糁羹，色香味皆奇绝。天上酥陀则不可知，人间决无此味也。"这么好的羹什么颜色什么味道呢？苏轼以"香似龙涎仍酽白，味如牛乳更全清"来形容。南宋林洪在《山家清供》中记载了玉糁羹的另一个版本：一天晚上，苏东坡与其弟苏辙喝酒，喝得十分畅快。酒喝多了，就把萝卜敲碎煮烂，也不用别的佐料，直接放进米粉熬的糊中，调成羹来吃。吃着吃着，苏东坡忽然放下筷子，抚摸着桌子赞叹：如果不是西天仙境的、酥软的佳糕，世上哪会有这样的好味道。无论用萝卜与粳米粉组合做的东坡羹，还是用芋艿与粳米粉组合做的玉糁羹，都是人间美味啊。

苏轼做的羹不过是素食，蔡京则奢侈。徽宗时奸相蔡京吃一碗羹要杀鹑数百只，不但相当土豪，而且残忍。

还有一种食物叫作粥，粥其实也属于羹或者汤一类，粥比汤稠，都属于流食，养生健胃。在宋代，喝腊八粥的习俗已经颇为盛行。吴自牧《梦粱录》云：“此月八日寺院谓之腊八。大刹等寺俱设五味粥，名曰腊八粥。”孟元老《东京梦华录》：十二月初八，“诸大寺作浴佛会并送七宝五味粥与门徒，谓之腊八粥，都人是日各家亦以果子杂料煮粥而食也。”腊八粥不仅在寺院煮食，民间也很盛行。周密《武林旧事》说：“八日，则寺院及人家用胡桃、松子、乳蕈、柿蕈、柿、栗之类作粥，谓之‘腊八粥’。”食粥养生，自古以来好此者甚众。宋代诗人陆游晚年喜粥，曾赋诗曰“只将食粥致神仙”，可知他视粥为珍品。

宋代时，粥膳养生较之前代有了更大的发展与进步。不仅更为普遍，同时也积累了宝贵的粥膳食疗方。例如，《太平圣惠方》卷九十六和卷九十七《食治》中记载了一百二十九种粥膳食疗方，《圣济总录》中也记载了一百多方，《养老奉亲书》中则收集了数十方适合中老年人养生长寿的粥膳食疗方。在这些书籍收录的粥膳食疗方中，有些配方至今仍在沿用，如苁蓉羊肉粥、生姜粥等。

东京瓠羹最出名

笔者在阅读宋代笔记的时候不断见到关于瓠羹的记载，都说瓠羹店以潘楼街的徐家瓠羹和尚书省西门的史家瓠羹最出名。什么是瓠羹？就是用瓠菜做成的菜羹。《齐民要术》载："作瓠菜羹法：用瓠叶五斤，羊肉三斤，葱二升，盐蚁五合，口调其味。"南渡旧臣袁褧在《枫窗小牍》中回忆东京繁华："旧京工伎固多奇妙，即烹煮盘案，亦复擅名，如王楼梅花包子、曹婆肉饼、薛家羊饭、梅家鹅鸭、曹家从食、徐家瓠羹……"《东京梦华录》记载了大内东南角的"徐家瓠羹店"、大内西侧的"史家瓠羹"以及州桥西侧的"贾家瓠羹"。其中"史家瓠羹、万家馒头，在京第一"。所谓的"瓠羹店"，专售各种菜羹，兼卖煎豆腐、煎鱼、煎鳖、烧菜、烧茄子等菜肴。"此等店肆，乃下等人求食粗饱，往而市之矣。"（《梦粱录》卷十六《面食店》）其实不然，宋徽宗就喜欢吃瓠羹。每逢春节的时候，在规定的时间和规定的地点到皇宫兜售的各色小吃中，他最喜爱的小吃是周待诏瓠羹，"贡余者一百二十文足一个，其精细果别如市店十文者"。一百二十文钱买的周待诏瓠羹，其精致程度和普通街市店铺中十文钱一份的大有不同。要不宋徽宗怎么如此喜欢呢？

从宋代食店经营的食品特色来看，可分为分茶店、羊饭店、南食店、讫髓店、菜面店、素食店、衢州饭店等数种。笔者把与羹有关的店梳理如下："分茶店"是食店中规模最大的一种，由于它是一种综合性的食店，因此时人又往往将面食店统称为"分茶店"。所谓分茶，即指食品、菜肴，"大则谓之分茶"。《梦梁录》卷十六《面食店》载："若曰分茶，则有四软羹、石髓羹、杂彩羹……石肚羹、猪羊大骨杂辣羹、诸色鱼羹、大小鸡羹、搦肉粉羹、三鲜大燎骨头羹……"羊饭店是一种经营北方菜肴食品为主的饭店。店内除出售米饭外，还兼卖酒。顾客如没有多少吃饭时间，则先上头羹、石髓饭、大骨饭、泡饭诸类的饭食。素食店又称"素食分茶店"，这是一种专供佛教信徒饮食的饭店。出售的菜肴有头羹、双峰、三峰、四峰、炸油河豚、大片腰子、笋辣羹、杂辣羹、白鱼辣羹饭等。衢州饭店，又称"闷饭店"，这是一种专卖家常饭食的饭店，除出售盒饭①外，还卖搦肉羹、骨头羹、蹄子清羹、鱼辣羹、鸡羹、耍鱼辣羹、猪大骨清羹、杂合羹、南北羹等羹。

由此可见，在宋代大小饭店离不开汤羹，还有一些热菜也带羹，咱就不说了。民国时期传承下来的也不少，比如开封已故名厨李春芳做的"全羊席"，第八十八道菜是"鹿尾珍珠羹"，此乃羊净肉、鸡腿、干菜切成莲子样，再用葛仙米、莲

---

① 宋代粥的品种之一，盒（音同"安"）是古代一种盛食物的器皿。盒饭就是将米饭放在盒里，加上水，然后按烧干饭的方法焖熟。

子，再用牙色汤勾流水芡，洒香菜末。《食医心鉴》中的鹘突羹，鲫鱼半斤切碎，放入沸豉汁中，加胡椒、莳萝、干姜、橘皮末，空腹吃下。主治脾胃气冷，不能下食，虚弱乏力。开封特级名厨李全忠专研宋代文献，挖掘整理仿制，成功制成鹘突羹。

水晶脍古往今来是佳肴

单位改制前，党委工作部有位老军转干部，尉氏人，姓吴叫双来，书法、公文写得皆好，更被人称道的是他做的皮冻，据说街上卖的都没他做的好吃。他做的皮冻其实就是我老家过年时候家里制备的一道菜——猪蹄冻，只是没有加入肉皮而已，纯猪蹄，制作方法差不多，无非是浪费俩煤球而已。开封人把这道菜叫作水晶冻，包括水晶蹄冻和水晶皮冻两种。

无论是猪蹄冻还是水晶皮冻，其实都源于北宋的水晶脍。宋、元、明以来，做法稍有不同，但是核心内容还是传承下来了。这道菜上至帝王，下至百姓都十分喜爱。至今，在开封的一些饭店甚至熟食店还可以买到。

黄庭坚酒后爱吃水晶脍

小时候，我的一位邻居以屠宰牲畜为生，那时候还没有冰箱，他就把整扇的猪肉用绳索悬于机井中，井内温度低，适宜保鲜。这个方法早在北朝北魏时期就已广泛应用。厨师们开始用水井保鲜食材，《齐民要术》中的"水晶"法就是将猪蹄和肉等加水共同烹制，然后包压吊在井中，使其冷冻凝结。如此看来，这水晶脍的出现至少该是在北魏时期，到了北宋才在市场上广为流行。宋代猪肉物美价廉，羊肉贵，普通百姓只好多食猪肉了。

这水晶脍在《东京梦华录》《梦粱录》和《武林旧事》中频频出现，是当时市肆中著名的菜肴。孟元老在《东京梦华录》卷二《州桥夜市》中就提到了水晶脍："冬月：盘兔、旋炙猪皮肉、野鸭肉、滴酥水晶脍……"《马行街铺席》中亦有夜市卖水晶脍的记载："冬月，虽大风雪阴雨，亦有夜市……"主要有"姜豉、抹脏、红丝、水晶脍、煎肝脏、蛤蜊、螃蟹、胡桃"等食物。卷六《十六日》中，说正月十六日又有"都下卖鹌鹑骨饳儿……水晶脍"等。由此可见，在北宋的东京城，水晶脍是多么风行！从以上史料中还可以看出，这水晶脍一般多在冬天有。

水晶脍是宋代一道受欢迎的凉菜，用鱼鳞熬成。鱼鳞富含胶原蛋白，慢火熬成浓汁，冷却后就凝固了，切成条块加入调料就成美味了。

南宋词人高观国就专门写过一首《菩萨蛮·水晶脍》："玉鳞熬出香凝软。并刀断处冰丝颤。红缕间堆盘。轻明相映寒。

纤柔分劝处。腻滑难停箸。一洗醉魂清。真成醒酒冰。"从高观国的描写来看，鱼鳞熬成的水晶脍，不仅透明、轻滑，而且口感清爽，是醒酒佳味。注意这里面有个词叫"醒酒冰"，当中还有一个故事，与黄庭坚有关。《山谷集》中有一首诗叫《饮韩三家醉后始知夜雨》，写的是黄庭坚醉酒之后吃水晶脍的事，容我摘录如下："醉卧人家久未曾，偶然樽俎对青灯。兵厨欲馨浮蛆瓮，馈妇初供醒酒冰。"作者自注云："予常醉后字'水晶脍'为'醒酒冰'，酒徒以为知言。"

原来这水晶脍还可以醒酒。在《山家清供》中有一道菜叫"醒酒菜"，做法是把琼芝菜洗净，泡软，再煮化成胶，倒在容器里，趁热投进去十几片梅花。等冷凝成冻后，切细条，用姜和鲜橙肉佐拌。琼芝即石花菜，又名琼枝、洋菜，是一种海藻类植物。这道水晶脍，实际是一道素食，是另有一番风味与营养的。不知道黄庭坚吃到的是不是这样的水晶脍。可见，水晶脍是分荤、素两种的。

到了元代，水晶脍的做法有了变化。《居家必用事类全集·饮食类》中水晶脍的其中一种做法：鲤鱼皮、鳞不拘多少。沙盆内擦洗白，再换水濯净。约有多少，添水，加葱、椒、陈皮熬至稠黏，以绵滤净，入鳔少许，再熬再滤。候凝即成，脍缕切。用韭黄、生菜、木樨、鸭子笋丝簇盘，芥辣醋浇。这道水晶脍和《事林广记》中的差不多，但是在用料上有变化，除鱼鳞外，还用了鱼皮、鱼鳔，如此，熬出的汁液更加稠黏，风味当不一样。此外，这种水晶脍是和其他五种原料一起拼摆冷盘用的，而调味则用"芥辣醋"。芥辣则是芥子制的辣汁，再加上醋，既去腥增香，又辛辣刺激，勾起人的食欲。

水晶脍进入宋高宗的御筵食单

南宋杭州食市中除水晶脍外，还有"筋子膘皮""膘皮炸子""膘皮""三色水晶丝""水晶炸子""皮骨姜豉"等，见于《西湖老人繁胜录》《梦粱录》《武林旧事》等书。《武林旧事》卷九收录的张俊供奉宋高宗的御筵食单中，共记有"鹌子水晶脍""红生水晶脍"，可见水晶脍不仅可供普通百姓食用，也可以供皇上、高官品尝，只不过制作更讲究一些罢了。

张俊为高宗摆设的御筵中的第十二盏，即鹌子水晶脍。鹌子水晶脍以鹌鹑为主料。鹌鹑肉质细嫩，滋味香美，民谚有"天上的飞禽，香不过鹌鹑"之说。中医认为：其肉味甘、性平，可补五脏，益中续气，实筋骨，耐寒暑，清热。开封特级烹调师李全忠挖掘整理资料，仿制了这道菜。其制法是先将鹌鹑宰杀后洗净，从脊开膛，在汤内略浸后捞在盆内；原汁汤滤去杂物，倒入盆中，加入葱汁、姜汁、花椒和陈皮，再放入精盐、料酒、味精上笼蒸烂；下笼时拣去花椒、陈皮，滗出原汁，剔去鹌鹑骨头（保留头部，使其形状完整）。再把猪肉皮放进开水锅内浸透捞出，片净皮上的油脂，上笼蒸烂，过滤一下，兑入蒸鹌鹑的原汁，放在火上微熬片刻待用。最后把鹌鹑放进直径十二厘米的碟内，并摆放成形，将汁浇入，放进冰箱二十分钟取出，扣装盘内，点缀香菜；姜米、香醋兑成汁，随菜上桌。（参阅《开封名菜》）

开封仿制宋菜水晶脍

普通百姓更习惯用肉皮制作水晶脍，皮冻如经调味（不用酱油）为"清冻"，无色透明，如水晶状，即古代之水晶脍；加酱油色如琥珀，称"浑冻"，又称"琥珀冻"；如加入青红椒、鸡蛋皮、木耳等，即成"彩冻"，如将带色料切成丝加入可成"三丝彩冻""五丝彩冻"；"浑冻"中加皮蛋等可制成"玛瑙冻"；熬浑冻时肉皮不全部熬化，冷却时夹有层层肉皮，称"肉皮冻"或"虎皮冻"。以上诸种皮冻，均可按需调味，然后切成片、丁、条等供做酒菜或筵席冷盘；也可与他料同拌做凉菜。唯不宜再次加热，固其在"冻"类中属"软冻"类。"清冻"除可供直接食用外，有的则利用其"软冻"特性，切碎与馅料拌在一起，可制成"灌汤包子""灌汤蒸饺"等。昔日帝王将相的家宴美食，如今在开封成为寻常百姓家的小菜。

开封名厨孙世增曾根据元代《居家必用事类全集》所记载水晶脍的基本方法仿制水晶脍：杀白鸡一只剁成四大块，猪肘子剔除骨头，与去油脂的猪肉皮一起用清水煮至八成熟时捞出，清洗干净后放在盆里，放入姜片、大葱段。加入适量精盐、料酒与清水以旺火蒸制，待鸡肉和肘子酥烂、汤汁有弹性而且清澈，用汤笋滤出汤汁。先使汤汁的一半冻结，而且在其上面用火腿、香菜叶随意摆成花朵形图案；再将另一半汤汁均匀地倒入冻结，然后切成菱形块，使每块里面都有一个花朵形图案，装盘即成。食用时调以姜末、香醋。特点是晶莹透明如水晶，软滑爽口，是佐酒佳肴。

鱼脍穿越千年真美味

记得少年时代，村子西边有一铁底河，河水清澈，鱼虾在水里自由活动，我和小伙伴常执渔网打捞鱼虾。印象比较深刻的是，兜出来的河虾身子骨晶莹剔透，顺手拔去大腿和钳子就填进了嘴里，滋味极鲜，肉质筋道，略带咸味。那个时候是无污染的河道，欢蹦乱跳的小鱼却没人生吃，大家都嫌腥，实则是不习惯生吃鱼肉啊！多年以后，我混迹于城市，在霓虹闪烁的街头看到有日本料理店，偶尔进去体验一把，生鱼片终是吃不习惯。曾经以为这生鱼片是日本人的专利，殊不知，这是中国人的老吃法了，有几千年的历史。在宋朝更是十分流行，宫廷市井皆有这道菜。

宋代鱼脍吃起来真"愉快"

鱼脍，周朝宫廷名菜。即细切的生鱼片，是周代宫廷常用的菜肴，亦是贵族食单中的主菜之一。鱼脍的制法就是将活鱼宰杀洗净后，切成若干大块，再分别切成薄片或细粒，装入盛器，用芥酱调味蘸而食之。周代曾长期盛行食鱼脍。所谓脍，《礼记·少仪》载："牛与羊鱼之腥，聶而切之为脍……"牛、羊、鱼的生肉，先切成薄片再细切成脍。对鱼脍的用料和制法，周代亦比较讲究。《礼记·内则》载"芥酱鱼脍"："脍，春用葱，秋用芥。"生鱼片切成的肉丝，春天用葱调料，秋天用芥菜酱作配料。

宋代菜肴有一种名为"旋切鱼脍"的菜，这是一种快速制作而成的生鱼脍。宋孟元老《东京梦华录》卷七《池苑内纵人关扑游戏》中说："池上饮食……旋切鱼脍……"金明池，每年三月初一开放，苑内不仅有诸般艺人作场，还有许多垂钓之士，他们得鱼后便高价卖给游客。"临水斫脍，以荐芳樽。"因为鱼脍用的鱼是现钓现做现吃，妙趣横生，所以做"旋切鱼脍"被当时游客视为"一时之佳味"。

宋人诗文记载了诸多关于鱼脍的文字。苏轼在《和蒋夔寄茶》中写下了："金齑玉脍饭炊雪，海螯江柱初脱泉。"《大业拾遗记》有"金齑玉脍"的做法：八九月下霜季节，选择三尺以下的鲈鱼，宰杀、治净，取精肉细切成丝，用调味汁浸渍入味后，再用布裹起来挤净水分，散置盘内。另取香柔花和叶，均切成细丝，放在鱼脍盘内与鱼脍拌匀即成。霜后鲈鱼，肉白如雪，不腥。此菜"紫花碧叶，间以素脍，亦鲜洁可观"，谓之"金齑玉脍"。陆游在《幽居》中盛赞"鱼脍槎头美，醅倾粥面浑"，还在《雨中小酌》中写下"自摘金橙捣脍齑"，亲手制作鱼脍而食。皮日休写有"唯有故人怜未替，欲封干脍寄终南"。

《梦粱录》所记汴京酒肆经营的下酒食品中，有细抹生羊脍、香螺脍、二色脍、海鲜脍、鲈鱼脍、鲤鱼脍、鲫鱼脍等。

梅尧臣以鱼会友

梅尧臣不但以文会友，还以鱼会友，与友朋分享鱼肉是梅尧臣的一大快事。叶梦得《石林燕语》记载："往时南馔未通，京师无有能斫鲙者，以为珍味。梅圣俞家有老婢，独能为之。欧阳文忠公、刘原甫诸人每思食鲙，必提鱼往过圣俞。圣俞得鲙材，必储以速诸人。"梅尧臣手里一有好鱼，必邀请客人分享美食。

欧阳修是文坛领袖，地位比梅尧臣高，按说该是梅尧臣去拜访欧阳修才对，可是欧阳修却经常到梅尧臣家做客。在北宋东京，只有到梅尧臣家才可以吃到正宗的鱼脍。梅尧臣家中的这位厨娘三下五除二就把活鱼收拾干净，拿起刀开始削生鱼片，刀光过处，薄薄的鱼肉雪片般落在盘中，须臾之间，仅剩鱼骨在动。

梅尧臣曾作《设脍示坐客》以记之。这首诗也是宋代人吃生鱼片的佐证，活灵活现地表现出他的日常生活景象：

> 汴河西引黄河枝，黄流未冻鲤鱼肥。
> 随钩出水卖都市，不惜百钱持与归。
> 我家少妇磨宝刀，破鳞奋鬐如欲飞。
> 萧萧云叶落盘面，粟粟霜卜为缕衣。
> 楚橙作齑香出屋，宾朋竞至排入扉。
> 呼儿便索沃腥酒，倒肠饫腹无相讥。
> 逡巡瓶竭上马去，意气不说西山薇。

日本史学家陈舜臣解读这首诗说，萧萧落盘的云叶无疑就是生鱼片，切下白如霜的萝卜作为缕衣，这是生鱼片的配菜。切下来的鱼肉不是煮也不是烤，而是蘸着橙汁，再饮用沃腥酒，大家一起品尝生鱼片。吃到酒足饭饱，骑马归去。这样的市井生活，自己已经心满意足，扬扬自得。何必去谈论西山采薇饿死的伯夷、叔齐呢？国家天下、仁义忠诚这样的话题姑且放置一边，还是过好每一天的生活吧。

可见，只要有美味的鱼脍，哪管什么皇帝啊！放下面具，好好享受一顿美食吧，人生是如此短暂！

斫脍是个技术活

孔子很讲究饮食，他说要"食不厌精，脍不厌细"。可见，鱼脍切得越细越好。唐代的《酉阳杂俎》记载："进士段硕，常识南孝廉者，善斫鲙，縠薄丝缕，轻可吹起。"把肉切得像丝绸一样薄，像丝线一样细。吹一口气，能把肉丝吹起来。即使今天的特一级厨师，也难有如此高的技术。在古代要想做好鱼脍，没有过硬的刀工是无法生存的。《梦溪笔谈》中记载了一位厨师因为手艺不好险些丧命的事："李景使大将胡则守江州，江南国下，曹翰以兵围之三年，城坚不可破。一日，则怒一饔人鲙鱼不精，欲杀之。其妻遽止之……"看来这位厨师是受到迁怒，因为刀工不佳被找到借口。宋代厨师片鱼的刀工有多好呢？从苏轼的一句诗中可以看出来："运肘风生看斫脍，随刀雪落惊飞缕。"斫脍需要高超的技艺，"出水狞将飞"的鲜鱼，须臾之间"落刀细可织"（梅尧臣《斫脍怀永叔》），这不是件容易的事。

汪曾祺说，斫脍的鱼不可洗，用一层纸隔住，以灰去血水。我以为古人不讲卫生，后来在《齐民要术》中读到"切鲙不得洗，洗则鲙湿"的叙述，才明白活鱼不洗，简单收拾之后，直接挥刀切割加上拌料即成。没有鳞的鱼不能做鲙，必须要熟食之。

漂洋过海的宋代鱼鲙

如今，在开封很难吃到鱼鲙了，倒是经常可以吃到酱焖、红烧、糖醋熘鱼。在日本，岛国倒是把生鱼片做成了国字号招牌。豫菜里面有一道菜叫"银丝鱼鲙"，传承了北宋鱼鲙的部分做法，以活鲤鱼为主料，以萝卜、生菜、香菜为辅料，经氽拌而成。客人自兑调料蘸食，此菜脆嫩、爽滑、味鲜。工艺变化很大，古代不洗鱼，这道菜得水洗，切成细丝的鱼肉用开水烫过，急速捞出，放入晾凉的开水漂洗干净，沥去水分，再辅以配菜上桌。宋朝的做法已经传到东南沿海了，随着大宋南迁，厨师和技艺都迁移了。

1958 年，开封仿制宋菜"旋切鱼鲙"，其制法是用五斤以上的螺蛳青鱼取纯肉切丝，配以香菜、韭黄、生菜分别摆装入盘，再将姜汁、萝卜汁、香醋、胡椒粉、榆仁酱、盐、少许糖掺在一起成汁，蘸着吃即可。感觉还是缺少宋菜的神韵，与"银丝鱼鲙"大同小异，只是工艺接近宋代而已。真想看到梅尧臣家的厨娘挥刀斫脍的情景在开封重演，我愿备上好的黄河鲤鱼，静待高手制作，好让味蕾穿越千年，像欧阳修、梅尧臣一样品味这开封鱼脍。

杭帮菜中的开封风味

带几个朋友去吃一家杭帮菜，服务人员推荐了一道特色菜——外婆家的疙瘩汤，品尝之后大家都觉得很好，说是吃出了小时候的味道。咱是中原开封，人家是南方菜系，怎么会有似曾相识的味道呢？凭良心说，我认为那盆汤和母亲做的"根瘩菜①汤"有些相似。不过人家这菜名说的也对，"外婆家的疙瘩汤"，对于杭州而言，开封不就是南迁宋人的"外婆家"吗？在异乡的开封人，依旧说着开封话，念着开封味。学者把杭州称作中原在江南的语言飞地，依据是杭州话中突兀的儿化音。"总有一种味道，以其独有的方式，每天三次，在舌尖上提醒着我们，认清明天的去向，不忘昨日的来处。无论脚步走多远，在人的脑海中，只有故乡的味道熟悉而顽固。它就像一个味觉定位系统，一头锁定了千里之外的异地，另一头则永远

———————
① 一种青菜名。

牵绊着，记忆深处的故乡。"(《舌尖上的中国2》) 在杭州城，一碗片儿川是北派面食习惯的延续。面的浇头主要由雪菜、笋片、瘦肉丝组成，鲜美可口。

故乡滋味最难忘

我一直无法想象南渡的开封人在江南是如何度过思乡之痛的，月圆之夜的钱塘江潮来潮往，北望中原的臣民是否抑制住怅望东京城那汪已望穿了的秋水。我想起二十多年前毕业初期曾到江浙一带求职，鱼米之乡的丰腴美食我很不习惯，那段日子我想念的是母亲的手擀面，厌倦天天米饭。我仅南下两周，就很不适应了。多年之后，阅读《东京梦华录》《梦粱录》等书，常常掩卷沉思：他们，要经历多少故乡食物记忆的折磨而华发早生啊！

在南宋杭州，都城食店多是效学旧京开封人开张。"旧京工伎，固多奇妙，即烹煮盘案，亦复擅名。如王楼梅花包子、曹婆肉饼、薛家羊饭、梅家鹅鸭、曹家徐家瓠羹、郑家油饼、王家乳酪……皆声称于时。若南迁湖上，鱼羹宋五嫂、羊肉李七儿、奶房王家、血肚羹宋小巴之类，皆当行不数者也。"(《枫窗小牍》) 南迁的开封人不仅在临安开设酒楼、茶肆、食店，还把中原的烹饪技艺带到江南。寓居江南的开封人，满脑子里想的都是收复失地、重返故乡，满肚子里盘算的都是故乡哪种食物最好吃，哪家食店最美味。《都城纪胜》里记临安食店时说："其余店铺夜市不可细数，如猪胰胡饼，自中兴以来只东京脏三家一分，每夜在太平坊巷口，近来又或有效之者。"《梦粱录》卷十八《民俗》记载："杭城风俗，凡百货卖饮食之人，多是装饰车盖担儿，盘合器皿新洁精巧，以炫耀人耳目，盖效学汴京气象，及因高宗南渡后，常宣唤买市，所以不敢苟简，食味亦不敢草率也。"

宋高宗禅位于孝宗之后，退居德寿宫，常常以汴京传统菜肴招待前来慰问的孝宗和旧臣。淳熙五年（1178）二月初一，孝宗亲自到德寿宫问安太上皇，赵构就派内侍到民间饮食市场上去买汴京人制作的菜肴，中有李婆杂菜羹、贺四酪面、脏三猪胰胡饼、戈家甜食等。宴会时高宗还特别对客人说明"此皆京师旧人"名菜。如遇传统节日，宫廷也常常"宣唤"市食，吃汴京风味的点心。

临安的大茶坊都张挂名人书画，在开封只有熟食店挂画，"今茶坊皆然"。（《都城纪胜》）周辉在《清波别志》卷中十分感慨地说道："辉幼小时，见人说京师人家，日供常膳，未识下箸，食味非取于市不属餍。自过江来，或有思京馔者，命仿效制造，终不如意。今临安所货节物，皆用东都遗风，名色自若，而日趋苟简，图易售也。"

即使是那些卖零食糖果的走街小贩，也精明地追逐时尚，效仿开封过去产品的模样。那些曾被皇帝品尝过其食品的商人更是扬扬自得，连在叫卖声音上也变成了开封口音："更有瑜石车子卖糖糜乳糕浇，亦俱曾经宣唤，皆效京师叫声。"（《梦粱录》卷十三《夜市》）就连早上"和宁门红杈子前买卖细色异品菜蔬"的小商贩也是"填塞街市，吟叫百端，如汴京气象，殊可人意"。他们叫卖的声音都是开封味儿。

在当时的杭州街头，随处可以看到开封人开的饭店，"是时尚有京师流寓经纪人，市店遭遇者，如李婆婆羹……"南渡之前，在北宋京城就有了南食面店、川茶分店，"以备江南往来士夫"，而在南宋的临安，竟然有专门的面食店，门口也是五彩装饰的"欢门"，有的店专门卖各种面和馄饨，更有荤素从食店还卖四色馒头、细馅大包子、生馅馒头、菊花饼等诸色点心。中原人偏安江南，北方的面食随之也"入侵"江浙。最可笑的是，北宋时期由于开封风尘大，人们在吃笼饼、蒸饼时有去皮的习惯，到了南宋临安，这里的市民也照葫芦画瓢，仿效北方人去皮而食。

杭帮菜就是"南料北烹"

在杭州，我们可以找到开封的味道。西湖醋鱼，又叫"叔嫂传珍"，一向为人们称道，被认为是游览两湖时必吃菜肴。

相传在南宋时，杭州西湖畔有姓宋的兄弟俩，哥哥已成家，以捕鱼为生，供弟弟读书。一天，贤淑美丽的嫂嫂受到当地恶霸调戏，宋家大哥前去理论，不料却被恶霸活活打死。为了报仇，叔嫂一起到衙门喊冤告状，告状不成，反遭毒打。他们回家后，嫂嫂只有让弟弟远逃他乡。叔嫂分手时，宋嫂特用糖、醋烧鲩鱼一碗，对兄弟说："这菜有酸有甜，望你有朝一日出人头地，勿忘今日辛酸。"后来，宋弟抗金卫国，立了功劳，回到杭州惩办了恶棍。但一直查找不到嫂嫂的下落。一次外出赴宴，他见席上有一道菜正是"醋熘鱼"，便寻根刨底，原来烹制这醋熘鱼的厨娘正是宋嫂。后来，"醋熘鱼"便随着这故事广为流传，成为杭州的一道传统名菜。还有一故事说宋高宗闲游西湖，吃了宋五嫂做的鱼羹，竟然吃出了汴京味，勾起他的乡情和对故国的怀念。暂且不去考证这宋嫂和宋五嫂是不是一个人，她们把鱼肉做成了乡愁，这是食物的力量，抵挡不住漂泊在四方的脚步都朝向一个方向。

西湖醋鱼是清水汆熟后放入调料，汤汁中加入白糖、湿淀粉和醋，用手勺推搅成浓汁，炒至滚沸起泡，起锅浇于鱼身即成。而开封的糖醋软熘鲤鱼焙面，重在"熘"，这个熘法是豫菜的拿手之技，独步多年。此熘法以活汁闻名。所谓活汁，历来两解：一是熘鱼之汁需达到泛出泡花的程度，称作汁要烘活。二是取方言中"和""活"之谐音，是指糖、醋、油三物。甜、酸、咸三味要在高温下、搅拌中充分融合，各物、各味俱在，但均不出头，你中有我、我中有你，不见油、不见糖、不见醋，甜中透酸、酸中微咸。此汁使鱼肉肥嫩爽口而不腻，鱼肉食完而汁不尽，再上火回汁，下入精细的焙面，汁热面酥，入口的感觉美妙。南北两宋，两种糖醋味的鱼，做法不同，味道却有异曲同工之妙。

《舌尖上的中国2》第五集《相逢》中说："杭州小笼包拷贝的是古代开封的工艺，猪皮冻剁细，与馅料混合，皮冻遇热化为汁水，这正是小笼包汤汁丰盈、口感浓郁的奥秘。"大宋南迁之后，开封的传统烹饪技术、风味制作方法随之传入临安，很快被当地人所采用。杭帮菜就是融合了南下"京师人"所带去的烹饪方法，采用了"南料北烹"的制作方式，既保留了江南鱼米之乡的特色和优势，又满足了南渡臣民北望中原的思乡情结，把中国古代菜肴发展到了一个新的高峰。

两宋文化一脉相承，多种文化再次交织再次交融，"南渡以来，几二百余年，则水土既惯，饮食混淆，无南北之分矣"（《梦粱录》卷十六）。如今，高铁开通了，凑个时间，随时可在西湖小住时日，品味两宋饮食文化的变迁和传承。

莲藕原来这么好吃

金秋时节秋风凉，正是蟹黄香的时候，也是新鲜莲藕上市之时。早年母亲喜欢我做的一道菜——糯米藕，就是把江米植入莲藕的孔中，小火蒸煮，熟后浇上蜜汁更可口。我女儿更喜欢吃她大舅调的莲菜，刀工好，开水余得正好，拌入姜丝、淋上小磨油和醋即可。母亲说，这莲菜过去在春节期间是很少吃的，不是吃不起，而是忌讳。正月初五以前，待客饭菜，均忌用藕。因藕有空心，俗称为窟窿菜，认为主破财。民国的时候，开封商贾人家居多，岳父母大人当然不希望闺女、女婿家欠债塌窟窿，因而待女婿之席忌藕。而在南宋的时候，皇帝似乎喜欢藕。据《养疴漫笔》载，宋隆兴元年，高宗退位，孝宗继位当朝。这孝宗皇帝吃腻了山珍海味，又挖空心思吃湖蟹。因多食湖蟹，导致脘腹不适、腹痛腹泻，御医诊治数日不效。高宗微服私访，为孝宗寻医找药。有一天他在京城西北大街一药店，看到人们争相购藕。高宗不解，询问药师后才知可治痢疾。后召药师入宫把脉叩诊，诊断出孝宗此疾乃因食湖蟹，损伤脾胃，导致痢疾。建议服新采藕节汁，数日可康复。如此喝了几天之后，孝宗果然康复。由此可见，藕是一道很好的食材。今天咱就说说开封的几道与藕有关的菜：琉璃藕、煎藕饼、蜜汁江米藕。

包拯用心良苦的政治预谋：琉璃藕

琉璃藕曾是宋代宫廷名菜，因它的形状和色泽好像琉璃瓦，故名。据说它的出现和龙图阁直学士包拯有关。包龙图打坐开封府的时候，见到城内有一条河水污染严重，倒不是工业废水污染，而是皇亲国戚依仗权势，纷纷在河两岸建立私家园林或临水而居，拆除的瓦砾就倒在河内，当然还排入生活污水，更有人拦河辟出私家荷池藕榭。公共河流成为少数人的私人领地，两岸居民心中暗暗叫苦，却又无可奈何。包拯体恤民意后暗记心中，寻找时机得给皇帝汇报一声。不久，恰好赶上仁宗皇帝寿庆，按惯例，各州府都要进贡土特产、名点佳肴，包拯也精心设计特制糖藕进贡。说来也巧，仁宗皇帝对陈列的贡品都看不上眼，唯独喜欢这糖藕。

包公趁机说："食此藕可延年益寿。"称最好在宫内辟池，引宫外河水栽荷，早晚可取鲜藕制作，"此藕特别鲜洁，与池泥有关"。仁宗认为包拯言之有理，于是下诏：疏浚河道、挖池栽荷之事由包拯去办。包拯严令两岸人等不得再倒垃圾和杂物，又将皇亲国戚私造的荷花池的池泥挖出，搬进宫中荷花池，并发动人们清理河道。数月后，一泓清水流过千家万户门前，再流向宫内荷花池。这样，不但市容环境整洁，皇宫里还栽植了莲藕。

当年，包拯进献给仁宗糖藕，既合圣意，又做了合乎民意的事。后来，此藕馔被仁宗皇帝赐名"琉璃藕"。这道菜做法简单，很快便从宫廷传到民间。如今人们吃到的同名菜肴，在工艺上已经比当年的"琉璃藕"有了发展与提高。做的时候将河藕洗净去皮，切成瓦状，油炸冷却后，涂一层稀稀的蜂蜜即可。如用精盐、花椒、味精调味，又能制成"椒盐琉璃藕"。经过包拯的包装，这琉璃藕就成了一道著名的菜肴了。

豫菜名菜：煎藕饼和蜜汁江米藕

煎藕饼是开封独有的传统名馔。以鲜藕为主料，肥膘肉、江米粉、豆沙馅等为配料，以熟猪油煎制而成。特点是色泽柿黄、外皮酥脆、里面柔软香甜。早在 20 世纪 30 年代已闻名，是开封市民乐亭饭庄的看家菜，特级厨师高寿椿制作此菜最绝。孙世增先生在《中国烹饪百科全书》中记录下了此菜的制作要领：鲜藕 750 克淘洗干净，切去藕节，削净藕皮，用擦子擦成细茸剁碎，以稀布挤出部分水分。肥膘肉 150 克绞成细泥，同江米粉 100 克、藕茸放在一起搅拌成糊；把豆沙泥 200 克分成十八个馅心，用藕糊包成十八个圆饼（直径 2~2.5 厘米、厚 1.5~2 厘米）。锅内放入熟猪油 100 克，烧至三成热时放进藕饼（里面七个，外围十一个），用文火煎制；将两面煎成黄色，盛入盘内，撒上白糖即可食用。吃起来外皮酥脆、里面柔软香甜，并有散瘀、解毒、醒酒、开胃、疗腹泻之功效，实属老幼适宜的佳品。煎藕饼原为民间风味菜，经历代厨师不断改进，成为开封菜中的一味传统名品。

当年，我给母亲做的糯米藕，在《齐民要术》中找到了渊源。古代蒸藕，先用浸湿的稻草和稻糠，将藕的表面擦干净，再削去藕节，用蜂蜜灌至藕孔里，将酥油和面粉调和封下头，蒸熟，除面，倒去蜜切成片就可以吃了。《武林旧事》中记载有"生熟灌藕"，该是这样的做法吧。

开封有一道甜菜叫蜜汁江米藕，原名"熟灌藕"，是历史悠久的传统甜菜。据传"熟灌藕"始于元代，以莲藕为主料，配以蜂蜜、淀粉、麝香少许灌入，煮制而成。元代《居家必用事类全集》记载了这道菜的做法：将莲藕从大头切开使孔眼露出，用绝好的淀粉加蜂蜜、少许麝香调匀成稀汁，从莲藕孔中灌满，再用油纸将莲藕包起来，入锅中煮熟，捞出去掉油纸，将藕切成片，趁热装盘上席。后经历代厨师不断改进，成为蜜汁江米藕。此菜选用白莲藕，经煮、酿、蒸、蜜炙而成。成菜软绵香甜，为宴席之名馔。

据《本草纲目》载，藕有主热渴、散瘀血、解蟹毒、醒酒开胃、治顽痢腹泻之功效，久食令人心欢意畅。藕之质地洁白嫩脆，食法颇多，可拌、炒、蒸、炖、干炸、蜜炙。它生于污泥而不染，洁白自若，质柔而坚实，居下而有节，孔窍玲珑，既是美味，又是良药。

第三章

宋朝这个时候吃什么，

怎么吃

北宋先茶后汤的待客食俗

看宋人饮茶，感觉很好玩，他们不但斗茶，还在饮茶之后上一道汤。就像今天我们在宴席上，最后总要上汤一样。我们老家办宴席，经典保留菜单最后必上一碗鸡蛋汤，酸、辣、咸，人曰"三狠汤"，又称"滚蛋汤"，意思就是喝过这道汤之后就可以说"拜拜"了，再没有菜肴上席，可以一抹嘴安全撤退了。我不知道饮食上的最后一道汤是不是与北宋先茶后汤有关系。在北宋，也仅仅是北宋，汤上来之后预示着将要闪人了。

北宋上的什么汤

民间有这样的茶疗谚语："投茶有序，先茶后汤。"酒后茶解毒，饭后茶消食，午后茶助精神。热茶提神解倦，淡茶温饮则宜，清香宜人。唐朝陈藏器《本草拾遗》记载："止渴除疫，贵哉茶也……诸药为各病之药，茶为百病之药。"汤饮在北宋风行一时，时人往往将其与茶合称为"茶汤"，"先茶后汤"是北宋特有的待客食俗。明代始创了三投法，"先茶后汤，曰下投；汤半下茶，复以汤满，曰中投；先汤后茶，曰上投"。"投茶有序，毋失其宜。"（张源《茶录》）虽然延续了北宋的待客方法，却已经大相径庭。明代传承的仅有汤饮，烹茶方法已经大为改观，与宋代不同，不复旧时模样了。

那么，北宋待客事实上是什么汤呢？有人问是不是胡辣汤，抱歉那个时候还没有胡辣汤。这里说的汤，指的是宋代一直很流行的汤药。汤在北宋是一种重要的饮料，宋代经常茶、汤并提。朱彧《萍洲可谈》卷一记载："今世俗客到则啜茶，去则啜汤。汤取药材甘香者屑之，或温或凉，未有不用甘草者，此俗遍天下。"按照朱彧的记载，当时北宋的汤是以甘草等药材和香料为主要原料熬煮的保健饮料。苏颂《图经本草》卷四说："今甘草有数种，以坚实断理者为佳。其轻虚纵理及细韧者不堪，惟货汤家用之。"甘草入汤，在宋代官府设立的药局"太平惠民局"的成药处方本——《太平惠民和剂局方》一书中可以得到佐证。该书卷十，附有《诸汤》一节，其中列有二十六种汤方，包括原来和剂局的汤方十六种和陆续增添的汤方十种。和剂局原有十六种汤方：豆蔻汤、木香汤、桂花汤、破气汤、玉真汤、薄荷汤、紫苏汤、枣汤、二宜汤、厚朴汤、五味汤、仙术汤、杏霜汤、生姜汤、益智汤、茴香汤。这十六种汤方正如朱彧所称"未有不用甘草者",每一汤方的成分中都有甘草。这些汤方含有养生的意思,其中的"厚朴汤",曾经是宋朝文德殿吏卒用以招待朝士的汤品。北宋文德殿是百官朝会之所,宰相奏事之后,就来此押班,每每要在此待到日暮,这里的吏卒常以厚朴汤给朝士消渴解乏。《水浒传》第十六回载:"看你不道得舍施了茶汤,便又救了我们热渴。"可见茶汤有解渴之妙。

《事林广记》别集卷七《诸品汤》就列了十余种汤品:干木瓜汤、缩砂汤、无尘汤、荔枝汤、木犀汤、香苏汤、橙汤、桂花汤、湿木瓜汤、乌梅汤等。还有橘汤、暗香汤、天香汤、茉莉汤、柏叶汤、绿豆粉山药汤、姜汤、姜橘皮汤、杏汤等。此外,还有其他养生的汤品,如宋代山西一带人们喜饮长松参甘草、山药做成的汤,以及黄庭坚在他的诗中提及的"橙曲莲子汤""橘红汤"。至于"橘红汤"的做法,宋代方勺的《泊宅编》有记载:橘皮去瓤,取红一斤,甘草、盐各四两,水五碗,慢火煮干,焙捣为末点服。又古方:以橘红四两、炙甘草一两,为末汤点,名曰"二贤散"。这种汤被认为治痰特别有效。

宋代有个词人叫张炎,他写了一首《踏莎行·咏汤》:"瑶草收香,琪花采采。冰轮碾处芳尘动。竹炉汤暖火初红,玉纤调罢歌声送。 麾去茶经,袭藏酒颂。一杯清味佳宾共。从来采药得长生，蓝桥休被琼浆弄。"这是说茶汤收取了瑶草的香气，采取了仙境中的玉树之花，做茶汤先用药碾子把花朵碾碎。把花朵、药材等熬成热气腾腾的汤药，唱着歌，用纤纤双手送过来。用一杯清香的汤来和宾客共饮，犹如到了月宫里，都不觉得琼浆玉液有多么好了。

在宋朝，待客用茶汤已经成为一种时尚，送客出门时端上一杯，就像现在塞给人一罐饮料一样平常。

宋人茶汤原来是送客

仁宗皇帝在宫内讲读时，"宣坐赐茶，就南壁下以次坐，复以次起讲读。又宣坐赐汤，其礼数甚优渥，虽执政大臣亦莫得与也"（参阅北宋范镇《东斋记事》）。皇帝老师的地位很高，待遇比一般执政大臣还要优越。皇帝"赐汤"的做派纷纷为文人士大夫仿效，先茶后汤的习俗迅速蔓延开来。据晁以道《晁氏客语》载，范纯夫每当"进讲"这天的前夕，往往要在家中预讲，从弟子皆来听讲，讲毕"煮汤而退"。

宋无名氏《南窗纪谈》云："客至则设茶，欲去则设汤，不知起于何时。然上自官府，下至闾里，莫之或废。有武臣杨应诚独曰：'客至设汤，是饮人以药也，非是。'故其家每客至，多以蜜渍橙木瓜之类为汤饮客。"《南窗纪谈》的作者认为客人坐的时间长了，话多必失，怕伤和气，"故其欲去，则饮之以汤"。

风俗总是在变，北宋的先茶后汤，后世渐渐移风易俗。南宋袁文《瓮牖闲评》卷六云："古人客来点茶，茶罢点汤，此常礼也。近世则不然，客至点茶与汤，客主皆虚盏，已极好笑。而公厅之上，主人则有少汤，客边尽是空盏，本欲行礼而反失礼，此尤可笑者也。"到了南宋，待客先茶后汤的习俗已渐消失。不过在邻里之间、寺庙斋会仍有茶汤。

从《东京梦华录》到《梦粱录》两册南宋人写的开封和杭州记忆中，我们依然可以看到茶汤的传承与演变。《东京梦华录》卷五《民俗》说："或有从外新来，邻左居住，则相借措动使，献遗汤茶，指引买卖之类。"《梦粱录》："或有新搬来居止之人，则邻人争借动事，遗献汤茶……则见睦邻之义。"《东京梦华录》卷三《天晓诸人入市》载有卖煎点汤茶药的，直到天明。南宋杭州城"四时卖奇茶异汤，冬月添卖七宝擂茶、馓子、葱茶，或卖盐豉汤；暑天添卖雪泡梅花酒，或缩脾饮暑药之属"，"更有城东城北善友道者，建茶汤会，遇诸山寺院建会设斋，又神圣诞日，助缘设茶汤供众"（《梦粱录》）。来到南宋，茶汤已经成为寺庙斋会的重要道具之一了。

无论形式怎么变，汤仍然是待客的饮料之一，甚至到了元代还流行饮用，从阿拉伯传来的"舍里别"① 汤，也译成"渴水"，《居家必用事类全集》已集称"渴水番名摄里白"，"摄里白"亦是"舍里别"的另一异译。舍里别是"皆取时果之液，煎熬如汤而饮之"（参见元代朱震亨《格致余论》），可知是果汁饮料。元杂剧《冻苏秦》描写苏秦落魄后去见丞相张仪，侍从张千一说点汤，苏秦便说："点汤是逐客，我则索起身。"一如我们在明清古装电视剧中所看到的那样，主人一端茶，管家见机行事拉长声音吟唱"送——客——"只不过，先茶后汤的待客之礼只有在北宋才可以体验到，就算是到了北方的辽国，风俗还是不一样。辽代是先汤后茶，在《辽史》卷五十一《礼志三》"宋使见皇太后仪"中，"赞各就坐，行汤、行茶"。正好与北宋先茶后汤的顺序相反。

---

① 又称"舍儿别""舍利别"。

《清明上河图》中的开封饮食

　　我对《清明上河图》的记忆是 1995 年年初，要到小南门里三职高院内的高招办报名。当时年轻，与同学建军相约骑自行车到开封，从高阳到开封五十公里的路程。我们清早出发，上午八点多的时候已经到了开封近郊。当年的道路上有不少柳树，因为经历了冬天的肃杀，初春时节迟迟没有吐出新绿，但是，那些柳枝，那些像舞女腰身的柳树却一下子打动了我，这不就是《清明上河图》中的柳树吗？枝条下垂，随风摆动，树干造型各异，十分入眼。我知道，我们的目的地就是这幅传世名画的诞生地，近千年之后，依然在名画的故乡领略到路边杨柳的风姿和神韵。也许正是这一次的直观感受，彻底征服了我少年的心。北宋旧都，东京梦华犹在，万千繁华尚存。后来，厮混于这座城池，把异乡当成了故乡，曾经按图索骥，寻找舌尖上的旧梦。岁月可以嬗变，但是味道不变，在开封，我找到了《清明上河图》中饮食的遗存和旧韵。食物有时候会随着年代改变，但是乡愁却无法抹去。在开封，也只有在开封，才可以找到繁华宋都的温婉记忆。

孙羊正店不卖羊肉

没有一座城像开封这样，汇集天下美食，无论是高档饭店还是市井风味，皆可满足不同层次的客户需求。《清明上河图》中有一家"孙羊正店"，日本人写的一本关于《清明上河图》的书解释说是姓孙的卖羊肉的店。这仅从字面上理解，实则错矣。在北宋，羊和马都是军需用品，市场不可随意交易，往往用毛驴和黄牛代替。北宋是典型的民富国穷，尤其皇帝赵匡胤一开国，就奠定了重文轻武的基本国策。北方虎视眈眈的游牧民族，对"三秋桂子，十里荷花"的中原早就垂涎欲滴，于是赵宋朝廷不得不加紧对战备物资的控制，马和羊即名列其中。马匹是必不可少的交通工具；羊皮则要制作营帐、军服。辽国在与宋互市时，马与羊不许出境。在北宋也只有宫廷贵族才可以吃到羊肉，那个时候羊肉属于高档食材，民间也只偶尔有羊下水在市场出现。讲到此处，诸位就会明白"孙羊正店"卖的不是羊，这家店的老板姓孙名字叫羊。正店就是可以批发酒的大店，属于高级酒楼，当然也经营食品。

开封酒店很多，许多地方"多是酒家所占"。孟元老说，在京正店七十二户，其余皆谓之脚店。在这七十二家大酒店中有许多酒店非常著名，如曲院街街南的"遇仙酒楼"。该酒楼后有戏台，故人们把这座酒楼称为"台上"。因遇仙酒楼名气大，时有"最是酒店上户"之誉。正店门首扎设彩楼欢门，夜晚灯烛辉煌。《清明上河图》中绘有彩楼欢门达七处，其中六处为酒楼。其中，孙羊正店的彩楼欢门高达两层，装潢华丽，气势非凡。酒楼的里面装修也令人耳目一新。如矾楼（丰乐楼）在宣和年间被装修为三层楼高，并由相向的五座楼组成，楼与楼之间有"飞桥栏槛，明暗相通"。各楼有珠帘绣额，灯烛晃耀，十分雅观。甚至一些脚店的门面也搭有彩楼，装饰得十分醒目。有的正店，还在门首排设权子及栀子灯等标志物，对此吴自牧在《梦粱录》卷十六《酒肆》中解释道："如酒肆门首，排设权子及栀子灯等，盖因五代时郭高祖游幸汴京，茶楼酒肆，俱如此装饰，故至今店家仿效成俗也。"韩顺发先生研究《清明上河图》，发现孙羊正店大门外檐下悬挂着四具状如栀子果实的装饰，他认为这就是栀子灯。这四具栀子灯中有一灯装饰别致，引人注目，这个别具一格的栀子灯是孙羊正店的秘密标记，在向顾客暗示店内藏有娼妓就陪。

正店有权酿酒，从官府那里购买酒曲。脚店没有酿酒权，也不能采购酒曲。他们零售给顾客的酒是从正店批发来的。如白矾楼每天有脚店三千户在该店取酒沽卖。有三千户中小酒店到白矾楼来批发酒，整个东京中小酒店的数目可想而知。在北宋，正店都酿有自己的名酒，如白矾楼的眉寿与和旨、遇仙楼的玉液、仁和楼的琼浆、任店的仙醒、高阳店的流霞等。这些店肆名酒足以与宫廷大内的御酒相媲美。在北宋时期，宗室、皇亲国戚和品官才有资格买曲酿酒，但所酿之酒只能供自家饮用，不得沽卖。

所以说孙羊正店是一家高级酒楼，酒楼餐具雅洁、菜蔬点心种类众多，但是价格昂贵，相当于现在的五星级酒店消费。一次孟元老和几位酒肉朋友进正店对饮，人虽然不多，店家照样用一等琉璃浅棱碗，一顿下来，不管吃与不吃，就花费不菲。正店之外，还有许多小酒店，卖些煎鱼、鸭子之类家常下酒菜，每份不过十五钱，十分便宜。

《清明上河图》中的"十千脚店"的酒是从正店批发来的，"十千脚店"大门两旁的外檐柱上钉挂有两个长方形的突出牌子，左方书"天之"，右方写"美禄"。其实卖的就是名叫"天之美禄"的酒，这是店主在向顾客传达——本店的酒味美醇厚。

市井饮食文化在宋代达到高峰

我的家乡过去清明节祭奠先人或过周年奠供的时候，重要的亲戚会摆放面做的小鹅或飞燕，再用柏枝装饰一下，十分抢手。我说的抢手是每每奠供之后，看客常以迅雷不及掩耳之势抢走这些动物造型的供品。大家十分喜欢这些可爱的"小动物"，孩子们拿到手后常常舍不得吃，把玩数日。后来在《清明上河图》中我找到了这种食品的渊源，在虹桥的食品摊上以及孙羊正店附近的食品摊子上都有类似的食品，一种三角形的食品。查阅《东京梦华录》，在卷七发现了这样的记载：寒食前一日谓之"炊熟"，用面造"枣锢飞燕"，柳条串之，插于门楣，谓之"子推燕"。"枣锢飞燕"，这是宋代清明节的时候盛行的节令食品。清明节前，除了北宋的街市上所卖的稠饧、麦糕、奶酪、乳饼等现成的食品之外，这种自制的燕子形的面食，称为"枣锢飞燕"，据说是从前用来祭拜介子推的祭品。《事物纪原》里介绍说，制作这种食品的时候先把面团做成蒸饼的样子，再用面片把枣包好，类似于现在的枣糕食品，只不过没有经过油炸，形状不同而已。

在《清明上河图》中绘有上书"新酒"或"小酒"的酒旗。《清明上河图》中临河一酒家的酒旗上有"新酒"字样。北宋时，酒肆收起酒旗意味着酒已卖完，不再营业。《东京梦华录》卷八《中秋》载："中秋节前，诸店皆卖新酒……市人争饮，至午未间，家家无酒，拽下望子。"

在《清明上河图》中，十字路口有茶铺。茶坊酒肆生意兴隆，一家紧邻一家，有的桌上还摆放着茶碗，人们一边喝茶，一边亲切地交谈，而茶馆边的马路上也是人来人往，一片繁忙的景象。饮茶的大众化，始于中唐，到了宋代，开始全国盛行。《宋史》记载："茶为人用，与盐铁均。"茶税收入，逐年增加，到了徽宗政和年间，已经超过唐代中期茶税的三十倍了。宋人好茶，茶坊酒肆，遍布城乡。而其间侍应者，皆有"茶博士"或"酒博士"之称。悠闲安逸和繁华的城市生活尽收眼底。无论民国还是当代，悠闲品茗依旧是古城的风尚。慢生活，不但影响了饮食的风味，还养成了帝都的休闲文化。

在《清明上河图》中还有一种食品叫"果子"。《东京梦华录》卷二《饮食果子》记载，北宋东京的市民对果子需求的增多促成了果子贩队伍的发展。在东京热闹的夜市中，往往到午夜还能够听到果贩的叫卖声。主要卖的果子有：水晶皂、生淹水木瓜、药木瓜、甘草冰雪凉水、荔枝膏、广芥瓜、杏片、梅子姜、芥辣瓜旋、细料馉饳、香糖果子、间道糖荔枝、越梅、离刀紫苏膏、金丝党梅、香枨元等。在四月八日浴佛节这天，"唯州南清风楼最宜夏饮，初尝青杏，乍荐樱桃，时得佳宾，觥酬交作。是月茄瓠初出上市，东华门争先供进，一对可直三五十千者。时果则御桃、李子、金杏、林檎之类"。平日，有的摊贩去酒肆推销"果实、萝卜之类"和各色干果，不管顾客买与不买，"散与坐客，然后得钱"。现在开封的夜市，客人只要往那里一坐，立刻就有商贩过来推荐食物。由此看来，宋人更会做生意，先把东西送来，先尝后买，不买也不伤和气。

"果子"除了水果之外还有糕点的意思。至今豫东地区春节走亲戚都要掂几斤"果子"——这是一种点心，将面角或面块油炸之后，挂上糖稀、沾上白糖所制成。有的地方把糖果叫作糖果子，我们常吃的煎饼果子，其实就是煎饼里面裹着"麻叶"。宋之前没有果子这个词，果子是生果、干果、凉果、蜜饯、饼食的总称。

果子诱人，饮子更是招人喜欢。饮子与一般的汤药是不同的，它并不一定在药店或医家出卖，而有专门的做饮子生意的人或店铺。《清明上河图》中就画有几处卖饮子的摊点。据学者周宝珠研究，卖饮子的摊点一处在图中虹桥的下端临街的房前，有两把大遮阳伞，其中一个伞沿下挂着一个小长方形牌子，牌上写着"饮子"两个字。伞下坐着一个卖饮子的生意人，身边放着可以手提的盒子，可能是盛饮子用的。他的手里拿着一个圆杯形的器皿，正在将这个杯子递给顾客；而那个买饮子的人则身上穿着短袖衣服，一手扶着挑担，一手伸过去，接那递过来盛饮子的杯子。另一处在城内挂着"久住王员外家"的竖牌旁边，有两把遮阳伞，一伞下挂着"饮子"招牌，一伞沿下挂"香饮子"招牌。那个卖"香饮子"的人坐在伞下，他的旁边摆着盛饮子的容器。一个买了饮子的顾客，正拿了碗在那儿喝。从这两处画面看来，至少在北宋东京城，卖饮子是一项很重要的生意，饮子是市民生活中很受欢迎的一种有药物性质的饮料。在宋代，茶水店以各种饮子为夏日解暑饮料出售很是普遍。夏天，有钱的人家还免费在街头路边提供"散暑药冰水"。

除此之外，北宋东京还有各色饮品的经营，如"豆儿水""鹿梨浆""紫苏饮"等。最值一提的就是所售的凉品，夏日三伏天时"皆用青布伞，当街列床凳堆垛冰雪。惟旧宋门外两家最盛"，所卖的食品全是凉食，如冰雪冷元子、生淹水木瓜、甘草冰雪凉水、荔枝膏等，口味甘甜，清凉解暑。这些饮品极大地扩展了饮食的范围，更丰富了人们的日常生活。

宋代饮食业的繁荣并不局限在有权阶层，甚至有宫廷饮食取于宫外的记载，《邵氏闻见后录》载，宋仁宗赐宴群臣时，也从东京的饮食店里采买佳肴。这种不分阶层的饮食文化促进了宋代市井阶层的发展，使得市井饮食文化在宋代达到高峰。宋之后的饮食文化继承了宋的传统，流传并发展至今，在开封的饮食中依旧可以找到北宋时的踪影。

张择端笔下的北宋饭店

　　北宋之前吃饭是没有桌椅的，都是坐着吃，席地而坐。到了北宋，才开始坐在桌子前吃饭，避免了裤裆走光的危险。《清明上河图》中一共画有两把交椅：一是城门边的店铺中一掌柜模样的人坐于交椅上，一手伏在桌子上，一手在铺于桌面的纸上写着什么；另一是药铺"赵太丞家"店中放了一把空交椅。这两把交椅均结构简洁，没有装饰，椅子座面下都设有交足，有横向靠背和出头曲搭脑。赵太丞家的空交椅搭脑造型，还是宋元时期椅子搭脑上流行的"牛头形"。《清明上河图》中一招牌写着"刘家上色沉檀楝香"的店铺中摆放了一张可供二人并坐的带靠背的椅子。这可能是迄今能看到的最早的双人连椅图像，显示了宋代家具制作者的创新能力。椅子的座面下还设有荷包牙板，前后腿间均有枨，前腿间的枨下也设有荷包牙板，显得比其他家具精致。

　　北宋时，杨亿在《谈苑》中说："咸平、景德中，主家造檀香倚卓一副。""卓"有卓立的意思，后人把它改为"桌"；"倚"有倚靠的意思，后人又把它改为"椅"。《清明上河图》中桌子和条凳在市井中已成为常见事物，然而鉴于其中高座家具的典型代表——椅子的数量屈指可数，说明当时椅子在民间还不是很普及。

宋代的高档酒楼流行"看菜"，估计后世"看菜下酒"一词就与此有关系。宋代酒楼注意菜品的观赏性，给顾客提供了额外的增值服务，比如："初坐定，酒家人先下看菜，问酒多寡，然后别换好菜蔬。有一等外郡士夫未曾谙识者，便下吃，被酒家人哂笑。"（参见《梦粱录》）"看菜"是不允许吃的，仅作观赏用的工艺菜品，不懂的人如果食用了会遭人笑话的。当时在高档酒店常以这种菜看来显示厨师手艺精湛。

高档酒楼一般百姓消费不起，老百姓最喜欢的还是中小型饮食店，这是最有当地风情的。这些饮食店的店铺规模虽然不大，但是却遍布大街小巷，直接传递到市井前线，与顾客有最广泛的接触，所提供的食物价廉物美，口味众多，能满足各阶层百姓的需求，宋人称其为分茶店、面食店、酒肆等。开封当有许多"食店"，主要经营头羹、白肉、胡饼、生软羊面、冷淘、棋子、寄炉面饭之类饭食。客人一进食店，就有一侍者手持菜单，温和地问顾客，客人可以随意挑选，或热或冷，或温或整，或绝冷、精烧之类。选定之后，侍者高声唱菜，报与掌勺厨师，不一会儿"行菜者左手杈三碗、右臂自手至肩驮叠约二十碗，散下尽合各人呼索，不容差错。一有差错，坐客白之主人，必加叱骂，或罚工资，甚者逐之"。

可见那个时候不用托盘，直接就是胳膊托着，行菜者像玩杂技一样，在店中走菜。

这些食店在店铺装饰上很讲究，雅俗共赏，并且有一套为了吸引食客注意的独特方法，广开客源。"汴京熟食店，张挂名画，所以勾引观者，留连食客。"面食店"其门首，以枋木及花样沓结，缚如山棚，上挂半边猪羊，一带近里门面窗牖，皆朱绿五彩装饰，谓之欢门"。不但大型酒楼有"欢门"，中小食店照样打扮得花枝招展，还把店中所售的东西挂起来，就像我的老家杞县，至今在农村集市上，杀猪的直接把两扇猪肉悬挂起来，谁要就割一块，颇有北宋遗风。

食店之外，还有馄饨店和卖瓜韭、萝卜之类经济小吃。也有素店，供食斋者食用。开封有许多饼店。饼店有两种：油饼店、胡饼店。油饼店卖蒸饼、糖饼、装合、引盘之类。胡饼店卖门油、菊花饼、新样满麻饼之类。有的饼店规模很大，如武成王庙前海州张家、皇建院前郑家饼店，"每家有五十余炉"。

与此同时，各地各民族的饮食也大量涌入开封。不少餐馆还挂出"胡食""北食""南食"的招牌，以招揽客人。"胡食"主要指西北等地少数民族的肴馔，牛、羊料理居多；北食主要指黄河流域一带的菜肴；"南食"主要指苏杭、淮扬菜，还兼收闽、鄂、湘等地的部分菜品，主要卖适合南方人口味的鱼兜子、煎鱼饭等。还有川饭店，主要卖巴蜀菜；也包含云贵，有插肉面、煎煥肉、生熟烧饭之类。

还有一种游击式的小饮食摊，他们的经营最为灵活，丝毫不逊色于现在占道经营的流动摊贩。有的甚至就是一些浮棚游贩，他们或用简易的车辆，载货叫卖，"卖香茶异汤"，或架浮棚布帐进行买卖。柳永的词中有一句写道"都门帐饮无绪"，其实描绘的就是这样的简单饮食小摊。这类食店就像浮萍，因其简单而可以四处流动，在各个角落生根。至于最为简易的顶盘架担、提瓶卖茶的流动小贩，其活动就更加自由，更是无处不在。

北宋东京的饮食业，彻底打破了坊市界线，饮食店林立，饮食品种众多，甜咸干湿俱有。即便是皇宫东华门外，也成为繁荣的饮食市场。"东华门外，市井最盛，盖禁中买卖在此。凡饮食、时新花果、鱼虾鳖蟹、鹑兔脯腊、金玉珍玩衣着，无非天下之奇。"北宋东京，马行街铺席，"夜市直至三更尽，才五更又复开张。如要闹去处，通晓不绝……冬月虽大风雪阴雨，亦有夜市"。北宋开封的夜市价格也较便宜，如包子类"每个不过十五文"。

跟着孟元老逛酒楼食店

　　如同女人喜欢逛商场一样，男人喜欢逛酒楼。当然，在宋代还有青楼。"酒色财气""食色性也"，孟元老也不例外，照例是吃遍东京城。在古代中国，没有早、中、晚三餐，只有朝食和晡食，也就是一早一晚的意思。早上那顿叫"朝食"，晚上那顿叫"晡食"。宋朝生产力大大提高，百姓不说丰衣足食吧，起码也不像宋朝之前那样一天两顿饭了。但是习惯难改，大多数人还是坚守一日两餐。如果中午饿了怎么办？无非是吃些"点心"充饥而已。宋代的"点心"不像今天的糕点甜食，而是粟米饭、稻米饭、菜肴等。贫寒或勤俭之家可能用"白汤泡冷饭"当点心，像武松那种大块头的就需要"把二三十个馒头来做点心"。

豪华的宋代酒楼

东京的繁盛超乎想象，按照孟元老的记忆，东京城著名的大型酒楼就有七十二家，如白矾楼、清风楼、长庆楼、八仙楼等。当然这七十二家酒楼仅是正店，正店"屋宇雄壮，门面开阔"，酒楼大门都用彩色绸缎装饰成彩门，屋檐下挂着各式灯笼。排场大的酒楼，门口还竖有旗杆。上面彩旗招展，大书该酒楼的名号，远远望去，十分气派。走进大门，有着几百步长的走廊，走廊两边是天井，天井两旁则是一间间厅堂，当时称为"小阁子"。每间小阁子内放有几张精致的红木桌椅，还有靠墙放着的太师椅、茶几，这是专为贵客饭前休息准备的。墙角放上几盆别致的盆栽，墙上挂上几幅名人字画，更添几分儒雅之气。东角楼街的潘楼酒家、潘楼东街的任店酒楼，都是东京城里等级很高的酒楼。马行街东的丰乐酒楼更是气派，它由五幢三层的楼房组成，每幢楼之间都有飞桥栏槛，明暗相通。楼面上珠帘绣额，灯烛晃耀，独成一景，其气派非同一般。《东京梦华录》有这样一段对白矾楼的描述："白矾楼，后改为丰乐楼，宣和间更修三层相高，五楼相向，各有飞桥栏槛。明暗相通，珠帘绣额，灯烛晃耀。初开数日，每先到者赏金旗，过一两夜则已。元夜，则每一瓦陇中，皆置莲灯一盏。"每天在里面喝酒吃饭的常有上千人。会仙酒楼又别具特色："常有百十分厅馆动使，各各足备，不尚少阙一件。大抵都人风俗奢侈，度量稍宽，凡酒店中不问何人，止两人对坐饮酒，亦须用注碗一副，盘盏两副，果菜碟各五片，水菜碗三五只，即银近百两矣。"在孟元老的笔下，我们看到了会仙酒楼建筑的华丽，看到了酒桌上餐具的豪奢——竟然都使用银器，饭菜价格的昂贵——两个人在这里喝个闲酒就消费银子近百两，这不是宰客，这是高档饭店的高规格和高消费。谁叫恁京城人喜欢奢侈呢？

"大抵诸酒肆瓦市，不以风雨寒暑，白昼通夜，骈阗①如此。"怪不得孟元老喜欢东京城的大酒楼，原来美酒美食之外还有美女。《东京梦华录》记载："凡京师酒楼……向晚，灯烛荧煌，上下相照，浓妆妓女数百，聚于主廊槏面上，以待酒客呼唤，望之宛如神仙。"

除了高档"正店"之外，其余皆谓之"脚店"，则"不能遍数"。东京城"街市酒店，彩楼相对，绣旆相招，掩翳天日"。

---

① 骈阗：聚集一起。

吃饭是个享受服务的过程

直到民国时期，开封饮食业还延续着北宋的遗风，近几十年移风易俗，大多变矣。还是跟着孟元老体验饭店的服务过程，先说都能吃到啥吧。孟元老记载的食物太丰富了，容我挑选几个展示如下：百味羹、二色腰子、虾蕈、鸡蕈、旋索粉、玉棋子、羊头签、炒蛤蜊、炒蟹、炸蟹、洗手蟹之类。如果还不能满足口福，还会有外来托卖的菜肴，主要有：炙鸡、燠鸭、羊脚子、点羊头、脆筋巴子、姜虾、酒蟹、獐巴、鹿脯、从食蒸作、海鲜时果、旋切莴苣生菜、西京笋。"又有小儿子着白虔布衫，青花手巾，挟白磁缸子，卖辣菜。"更有托卖各种水果、干果的。如今开封夜市依然盛行此风。

好了，咱接着陪孟元老来到食店坐下，这时由跑堂的安排好座位，则递上菜单（当时称为"卖执箸"），问客点何菜。顾客就是上帝，他们点起菜来也是"百端呼索，或热或冷，或温或整，或绝冷、精浇、䐚浇之类。人人索唤不同"。吃货们百般挑剔，极难伺候。但那些堂倌，也绝不含糊。一个堂倌要招呼两三张桌子的客人，常常是几张桌子点的菜各不相同，没有重复的，这些堂倌丝毫不会弄错。客人点完菜后，堂倌把各桌点的菜报给厅堂门口的伙计。此人当时称为"行菜"，他们的职责是将各桌点的菜高声报给厨局（厨房）中的"铛头"（也称"着案"）听。这宋代的堂倌也太给力了，一声吆喝，楼上即刻送来所需菜肴。孟元老用"须臾"一词描述，但见行菜者左手平端三碗，右臂自手至肩驮叠约二十碗，分别送至各桌需要的客人，不容有差。一有差错，客人如果要投诉店家，主人必加叱骂，或罚绩效工资，甚者炒鱿鱼。餐饮服务者不仅能手持多碗行走，不滴不漏，且能记住每位宾客的要求，准确提供所需服务，可见他们已有比较高的职业素养。孟元老入店，"则用一等琉璃浅棱椀，谓之碧椀，亦谓之造羹。菜蔬精细，谓之造虀，每碗十文。面与肉相停，谓之合羹。又有单羹，乃半个也。旧只用匙，今皆用筯矣"。"更有插肉、拨刀、炒羊、细料物棋子①、馄饨店"可以任意选择。花钱不多，图个娱乐。

一般百姓或过往旅客如要就餐，则到便宜的食店就食，当时有一些称为"闷饭店"的食店，其实它的性质很像今天的便当。这种食店一般只烧几样菜，荤素搭配，好吃不贵，花不了多少钱，亦能吃顿饱饭，但饭菜质量就谈不上精细了。还可以点外卖，如软羊诸色包子、猪羊荷包、烧肉干脯、鲜片酱之类，应有尽有。

---

① 棋子：一种面皮，用刀切成一定形状。原来形似棋子，后来发展为多种形状。

跟着孟元老穿越宋朝吃早餐

《东京梦华录》叫我深深记住了孟元老。就是这个纨绔子弟，南渡之后，他把北宋东京贮藏到文字里，把自己隐匿在人海中，一度我们不知道这个孟元老是一个人呢还是一个团队。后世的我们每次打开此书就能够遥想当年北宋东京的盛况。他踏遍北宋东京的脚印，后来都变成灵动的文字。他不厌其烦地历数旧京的御路关厢、通衢深巷，流水账式地标注纷繁的店铺食坊，写食谱般地罗列"奇巧百端"的名馔小吃，铺陈种种流程性细节，让你在词语的堆砌中，详睹"车马盈市，罗绮满街"的北宋东京。是的，多年之后，我辈凭借一册《东京梦华录》，按图索骥，依然可以在现在的开封寻找到北宋的旧影。常言道："民以食为天。"咱还是先从吃开始吧，跟着孟元老吃遍北宋东京城。这，才叫真任性。

东京早市美食多

忆得年少多乐事，就算时过境迁依然记得东京城遍布的酒楼美味。孟元老记忆中的酒楼有："州东宋门外仁和店、姜店。州西宜城楼、药张四店、班楼。金梁桥下刘楼。曹门蛮王家、奶酪张家。州北八仙楼、戴楼门张八家园宅正店、郑门河王家、李七家正店、景灵宫东墙长庆楼。"他曾纵游东京，逍遥自在，纵使物是人非，但是各种情境在经历了多年风雨后仍鲜活地存在于心中。还记得穿梭于大街小巷四处游玩的场景，他对其间的一切了如指掌，这些经历成为他晚年仍能详尽而细致地描述心中故城的重要因素。也只有有钱、有闲并且有点小权的孟元老，才可以毫无顾虑地自由出入茶坊酒肆、勾栏瓦舍。用他的原话说就是："仆数十年烂赏叠游，莫知厌足。"所以他对东京的吃喝场所格外熟悉和亲切。

宋代官员早朝前在待漏院集合的时候，为了表明身份，会在纸灯笼上写好职位和姓名，便于识别，"宰执以下，皆用白纸糊灯一枚，长柄揭灯前，书官位于其上"。在此等候的每位朝臣，皇帝派人供应酒果，据说酒绝佳，果实皆不可咀嚼，估计年纪大的大臣牙口不好更不爱吃。在宋代当官很辛苦，早朝的时候没有饭吃，空腹面对皇帝会有低血糖的危险。虽然皇帝佬儿不供应早餐，自有颇具市场意识的人做起了生意。在待漏院前，多是一些卖快餐的摊贩。卖肝夹粉粥的，人来客往，十分热闹。不止一处有卖早餐的地方，孟元老说凝晖殿"宫禁买卖进贡，皆由此入"，故所售都是"市井之间无有也"的好货。最繁闹的大内杂市，还数东华门外市井最盛。孟元老细数此地所售之物："凡饮食、时新花果、鱼虾鳖蟹、鹑兔脯腊、金玉珍玩衣着，无非天下之奇。"东华门内是最有钱的买主，他们只买贵的，不买对的。小贩们更是供应各种饮食："其品味若数十分，客要一二十味下酒，随索目下便有之。"如果新鲜瓜果新上市，每对茄子或嫩葫芦可卖到三五十文。东华门的生意不比房地产生意利润低啊。

朝会结束才有工作餐，此俗源于唐朝。在唐代大臣每天一大早就要上朝议事，到中午方才退朝。由于朝臣的工作时间很长，饮食多有不便，为显优恤，唐太宗下诏每天提供一顿工作餐，官员退朝后在朝堂的外廊集中进餐，称为"廊下食"。后周世宗柴荣下过一道诏书："文武百官，今后凡遇入阁日，宜赐廊餐。"宋朝设有待漏院，为上朝的官员准备美酒和水果等物作为工作早餐，有时散了早朝后，皇上要赐食百官，赐食的地点在殿堂廊下，所以称为"廊餐"。一些平时吃惯了精美可口食物的官员都不愿吃"廊餐"，会借故提前离去，只有位低禄薄的官员才会留下来吃这一顿免费的工作餐。

点心、羹汤任意索唤

宋代的东京几乎是不夜城。夜市还未消停，不到五更，整座开封城又渐渐苏醒，人们或上朝或赶集，忙碌的一天就此开始了。

在北宋东京城门口、城内的街头或者桥头多有集市，称之为早市。"每日交五更，诸寺院行者打铁牌子或木鱼循门报晓……诸趋朝入市之人，闻此而起。诸门桥市井已开……直至天明。"这是《东京梦华录》卷三《天晓诸人入市》中所记述的城门和桥头早市的景象。早市上的买卖有瓠羹店的灌肺和炒肺，粥饭、点心等早点。宋人吴曾的《能改斋漫录》曾对"点心"一词做过考论。他说那时通常"以早晨小食为点心，自唐时已有此语"。唐代人已将随意吃点儿东西称作"点心"。我们现在将吃早餐说成吃"早点"，这是早晨的餐点，与唐代时的说法没有明显差别。周晖《北辕录》云："洗漱冠饰毕，点心已至。"后文又说明"点心"就是馒头、馄饨、包子之类的食物。《梦粱录》中，其"市食点心"主要为麦面、米粉制品，有馒头、包子、春蚕、饼、仙桃、糕、圆子、团子、粽子、油炸果子等，品种数以百计。

除了点心，还有羹汤。《东京梦华录》中记有"决明汤齑""汤骨头""盐豉汤";《梦粱录》中记有"羊血汤""盐豉汤"。"盐豉汤"是一特殊品种,邓之诚注《东京梦华录》卷六"元宵"注释,引宋人《岁时杂记》"捻头杂肉煮汤谓之盐豉汤",似为汤类小吃了。现在开封早晨依然是汤锅林立,烟雾缭绕,飘香不断。宋代是羹中有汤菜,或羹、汤菜并列。如《梦粱录》中有"更有卖诸色羹汤""湖中南北搬载小船甚伙,如撑船卖羹汤、时果",《武林旧事》中有"凡下酒、羹汤,任意索唤"。每一个太阳升起的早晨,孟元老在京城一定也是喝汤饮酒或吃些早点。

到天明,杀猪羊作坊用车子或挑担送肉上市,动即数百。麦面也用布袋装好,用太平车或驴马驮着,守在城门外,等门开入城卖货。果子等"集于朱雀门外及州桥之西","更有御街桥至南内前,趋朝卖药及饮食者,吟叫百端"。

退朝的官员不想留在大内享用"廊餐",如果没有紧急公务,跟着孟元老可以到东角楼街巷的潘楼酒店去补吃一顿丰盛的"晚点早餐"。"至平明羊头、肚肺、赤白腰子、奶房、肚胘、鹑兔鸠鸽野味、螃蟹蛤蜊之类"可供选择。不太挑食的人,可在附近的食店买到名为灌肺和炒肺的小点。想多点选择的人可去从不打烊的酒楼。餐食可粗分为粥、饭、点心三大类,每份的要价不过二十文钱。在酒楼还可以买到各类洗面乳,如"张戴花洗面药""无皂角洗面药""御前洗面药""皇后洗面药""冬瓜洗面药"等,既美容养颜,又提振精神。

夜市美食最风情

夜市是个好去处，从古至今，一直都是如此。夜市展现了一座城市的另一种风情，如果说白天属于凡·高《向日葵》的斑斓色块，那么夜晚则属于莫奈的《睡莲》，印象派的朦胧美笼罩了夜晚的城市，令人心旷神怡。无论是华灯璀璨还是灯火阑珊，夜的城总守望着归人。是的，"我达达的马蹄声"，正从北宋走来，打东京走过，"那等在季节里的容颜如莲花开落"。对于孟元老而言，他是归人，不是过客。满城灯火，半城美食，在等待。即使远在江南，依然望穿秋水，醉看州桥，怅望马行街。

一个人的州桥

说起州桥，我们总会想起杨志卖刀的州桥，想起范成大

"忍泪失声问使者"的州桥。我曾多次站在州桥之上踯躅，念想脚下数米的土层就是北宋的天街，就是汴河的故道，就是古典文学坐标的州桥，我就颇有感叹。是的，如今仍然是"宝马香车雕满路"，州桥，在今晚，甚至每一个夜晚，它只属于一个人的州桥。是的，这是孟元老的州桥，这是"东风夜放花千树"的州桥，这是古今吃货流连忘返的州桥。

唐、宋以前，城市的居住区和商业区是分开的，所谓城市，就是居住与买卖交易的地方，城和市是分开的。北宋东京是世界上第一座可以称之为城市的都城，东京城的布局打破"坊""市"界限，代之以由街巷联系宅院的开放式住宅区。商业突破了隋唐以前的限制，普遍破墙开店，商店遍布城内外。沿街开设各种店铺，店铺门向街道开敞，形成若干繁华的商业街。一些地方通宵营业，形成晓市及夜市。宋太祖赵匡胤立国之初，就下令解除夜市的禁令，这项措施一下子活跃了京城的夜市生活。全城大街小巷、桥头路口都是商品交换的场所，就连御街两旁的御廊也准许买卖交易。宫城东华门外，有时鲜花果、鱼虾鳖蟹、金玉珍玩、衣服等市场，专门供应宫内需要。皇城东南的潘楼街一带是经营金银、绸缎布匹的商店，门面很大，装潢气派，交易量惊人。附近还有买卖衣物、书画、古玩、珍宝的早市场。州桥以东至宋门，有鱼市、肉市、金银铺、彩帛铺、漆器铺，琳琅满目。州桥以西的西大街，两边珠子铺、果子行等，五颜六色、光怪陆离。

从州桥往南去，当街有卖水饭、燺肉、干脯等吃食。王楼前，有许多出售獾儿、野狐、肉脯、鸡等肉食的小摊贩；还有梅家、鹿家出售的鹅、鸭、鸡、兔、肚肺、鳝鱼等为馅的包子；鸡皮、腰肾、鸡碎等，每份不超过十五文；还有曹家的小吃、点心等，也是物美价廉。朱雀门有现煎现卖的羊白肠、鲊脯、煎炸冻鱼头、辣脚子、姜辣萝卜等出售。

州桥夜市更是美味飘香，各种食物令人驻足。各种煎炒、蒸煮、凉拌、炖熬的食物香气扑鼻，吸引众多食客前来品尝。夏天有麻腐鸡皮、麻饮细粉、素签、砂糖冰雪冷元子、水晶皂、生淹水木瓜、药木瓜、鸡头穰、砂糖绿豆甘草冰雪凉水、荔枝膏、广芥瓜、咸菜、杏片、梅子姜、莴苣笋、芥辣瓜、细料馉饳、香糖果子、间道糖荔枝、越梅、金丝党梅、香橙丸子等，都用梅红色的匣子盛贮着，看起来高级、大气，吃起来清新可口；冬天则卖盘兔、旋炙猪皮肉、野鸭肉、滴酥水晶脍、煎夹子、猪下水，区域一直延伸到卖须脑子肉的龙津桥一带为止，售卖的食物统称"杂嚼"，延续到三更方散。

帝都最繁华的马行街夜市

东京规模最大的夜市，是比州桥夜市更为繁盛的马行街夜市。马行街本是宋代皇帝贴身禁军的所在地，京城公务人员多出入其间。从马行街往北走到旧封丘门外，大街两侧民户店铺与禁军军营两两相对，绵延十余里。其余的街坊里巷、庭院民居，纵横上万家，不知边际。街市上，店铺林立，到处都是茶坊酒店、勾肆饮食之家，行人车马摩肩接踵，不能驻足。

马行街的夜市通宵达旦，夏天油烛烟焰冲天，连蚊子都无法停留。"蚊蚋恶油，而马行人物嘈杂，灯火照天，每至四鼓罢，故永绝蚊蚋……马行街者，都城之夜市，酒楼极繁盛处也。"（《铁围山丛谈》）经商的人往往家里不买菜做饭，而在食店中现买现吃。矾楼前的李四家、段家爊物、石逢巴子都是有名的北方风味饭馆。而南方风味首屈一指的饭馆则是寺桥金家、九曲子周家。《东京梦华录》云：马行街夜市"又繁盛百倍，车马阗拥，不可驻足"。孟元老说不仅酒店客栈，集市铺肆，灯火通明，东京城内的百姓入夜后，家家户户都会在自己的住处门口挂上璀璨的彩灯，在大街上行走的人们也个个提着晶莹透亮、形状不一的灯笼。整个东京城的夜晚"灯山上彩，金碧相射，锦绣交辉"。

在孟元老看来，马行街的夜市更是壮观，这里的店铺大部分到三更时分才收摊，刚到五更就又开张了，繁华地段的夜市更是通宵不绝。甚至四隅背巷等偏远僻静之处的夜市也有卖爊酸臁、猪胰、胡饼、和菜饼、獾儿、野狐肉、果木翘羹、灌肠、香糖果子之类的吃食。无论寒冬腊月、刮风下雪，夜市里也有卖抹脏、红丝、水晶脍、煎肝脏、蛤蜊、螃蟹、胡桃、泽州饧、奇豆、鹅梨、石榴、查子、糍糕、团子、盐豉汤等美食。此外，由于东京城夜生活极其丰富，有些人或办公事或办私事，总是很晚才归家。因此，到了三更天的时候，路上还会看到有商贩提着茶瓶卖茶给过往行人。难怪大文豪苏轼曾经满怀感慨地写道："蚕市光阴非故国，马行灯火记当年。"

孟元老在《东京梦华录》中追忆了潘楼东街巷的旧曹门，说街北山子茶坊，里面有仙洞仙桥，吸引仕女结伴来此夜游吃茶。从土市子一直往南，抵达太庙街、高阳正店，这里的夜市特别兴旺。

据《宋会要辑稿》记载，宋太祖赵匡胤曾下令开封府："京城夜市至三鼓已来，不得禁止。"从此，东京夜市勃兴，日渐形成一座史无前例的"不夜城"。宋代笔记《北窗炙輠录》记载了一则故事，说是仁宗年间，某个夜晚，欢乐的市声传入深宫，被仁宗听到，他不由问起宫人这是何处作乐。当宫人告诉他说这是官方酒楼作乐，仁宗不禁感慨起本人在宫中冷生僻清，艳羡起高墙外面的夜市生活来了。"忆得少年多乐事，夜深灯火上樊楼。"这是南渡之后刘子翚对东京夜市最好的怀念。念想东京的美食和夜市，也是"出京南来，避地江左"的孟元老"暗想当年节物风流，人情和美，但成怅恨"的乡愁抒怀吧。

从北宋一路走来的"枣花"

直到今天，每年的开封地区，正月初二出嫁的闺女回娘家，带不带其他礼品不重要，"枣花"是一定要备的。只不过移风易俗，由过去手工蒸的换成了蛋糕店加工的鸡蛋糕"枣花"，或是放有白糖的"枣花"了。我很怀念小时候母亲在春节前蒸"枣花"的场景，那些民俗中渐渐消失的东西一度停留在我少年的记忆中。"二十三，祭灶官。二十四，扫房子。二十五，磨豆腐。二十六，去割肉。二十七，杀只鸡。二十八，蒸枣花……"这些民谣还在传唱，而那些风俗却渐渐减少。

过年是隆重的大事，"二十八，蒸枣花"指的是春节前的蒸年馍习俗。老家蒸馍一般都够整个正月吃。在花样繁多的年馍中，人们特别重视蒸枣馍。这不但代表了一个妇女的手艺，还蕴含了孝心。面粉在巧手中化成有形有体的食品，"枣花"蒸的大小、厚薄、美丑等都会成为邻居评判的标准。而枣花馍的简单做法是：将发酵的麦面擀成片状，用刀从中间切开。把切开的两个半圆相对，用筷子从中间一夹，一朵四瓣面花就出来了。在每片瓣上插上红枣，就成了一个精致的枣花馍。有的人会把枣花一层一层堆成山，叫"枣山"。

蒸枣馍的时候，气氛相当隆重而神秘，各家的家庭主妇常常是小心谨慎，不说闲话。如果蒸笼漏了气，家中的任何一位成员大惊小怪的，如说出"烂了""完了""不熟""黑""不暄"等词语都被视为不吉利，此时绝对不能说，主妇会不声不响地赶紧封严。在这几天，邻居、亲友一般不串门。

枣花也是外祖母给外孙准备的特殊礼物。农历正月初二，凡出嫁的闺女都要带上儿女回娘家探望长辈。在娘家，母女共叙离别思念之情，尽情享受天伦之乐。吃饱喝足返家之际，外祖母要送给外孙一个枣山、外孙女一个枣花。此俗的意义是双层的：一是表达了外祖母的愿望，希望外孙家快快富裕起来；二是孩子母亲的祈盼，希望孩子抱了娘家的枣馍后，孩子像枣山、枣花一样健壮美丽。民间有俗语说："外甥要想暄①，姥姥家去搬枣山。"

说起枣花，想起一个传说。袁世凯当内阁总理时，有项城老乡进京找他，企图凭借他的权力，给自己谋个一官半职。这天，来了三个河南项城人，袁世凯听他们说话，清一色的项城口音，可问到项城的风俗民情，却支支吾吾，躲躲闪闪。袁世

---

① 暄，方言，富贵有钱的意思。

凯心里有底，因为他知道社会上流传有"学会项城话，就把洋刀挎"的说法，表面上装得很客气的样子，请三个项城老乡去"聚贤堂"考试。这三个项城人跃跃欲试，准备笔下生花，出奇制胜。谁知他们一看考题，个个傻了眼，原来，纸上的考题是："总理给外公拜年，回来时拿点什么？"他们你看看我，我看看你，半天写不出一个字来。正在这时，门外又来了一个名叫赵国贤的项城人，此人身强力壮，站在那里，好似一座黑色铁塔。赵国贤拿起考卷一看，不禁哈哈大笑起来，只见他不卑不亢地说："这有何难，拿个枣山就是了。"袁世凯一听，开怀大笑："着哇！我们河南有'外孙搬他姥姥家的枣山，日子愈过愈暄'的风俗，你答得对！"赵国贤力大如牛，后来给袁世凯当了贴身保镖，那三个假冒者则被拉下去痛打一顿，驱赶出城。

清明节的时候，北宋流行"枣䭔"。啥叫"䭔"呢，我们先说一下，䭔是古代的一种蒸饼，以面做成。宋代，寒食清明有食枣䭔及插枣䭔于门楣之俗。《玉篇·食部》："䭔，饼也。"孟元老《东京梦华录·清明节》："……前一日谓之'炊熟'。用面造枣䭔飞燕，柳条串之，插于门楣，谓之'子推燕'。"（孙世增校注《东京梦华录》）陆游《老学庵笔记》："淳熙间，集英殿宴金国人使，九盏……（第九）看食：枣䭔、髓饼、白胡饼、环饼。"《新编醉翁谈录》亦云："又以枣面为饼，如北地枣菰而小，谓之子推，穿以杨枝，插之户间，而不知何得此名也。或者以谓昔人以此祭子推，如端午角黍祭屈原之义。"周宝珠先生说所谓"子推"或"子推燕"，就是用面造枣那么大的物品，类似飞燕，以此纪念介子推的。《事物纪原》卷八说："以面为蒸饼样，团结附之，名子推。"清明时节，开封天气晴和，气候宜人，花开柳绿。人们都到著名园林观赏花木，或到郊外观赏春景。歌儿舞女遍满园林，为官僚富户歌舞佐欢。人们到暮色降临时才扶醉回城，"各携枣锢、炊饼、黄胖、掉刀、名花异果、山亭戏具、鸭卵鸡雏，谓之'门外土仪'"。这时回城的轿子也以杨柳杂花装饰，从轿顶四垂而下，很是清新耀眼。到了明代，明朝人还会留下一部分的枣锢飞燕，到了立夏，用油煎给家中的孩童吃，据说吃了以后，可以不蛀牙。《汴宋竹枝词》云：

花发春城似去年，踏莎游骑趁新烟。迎风巧串子推燕，杨柳一枝和露鲜。

一盂麦饭荐坟园，拜扫人归笑语喧。杨穗草簪连绮陌，倬刀黄胖挂车辕。

"枣锢"什么形状呢？文献中没有记载，张择端的《清明上河图》在描绘当时人们祭祖、扫墓归来等情节，还真切、形象地画出了清明的节令食品：枣锢。在虹桥上的食品摊上，在"孙羊店"的食品挑子上，都摆放有枣锢飞燕，是三角形锥体。

　　清方以智《通雅·饮食》："餖子，黏果。"如今开封市井中的枣黏面馍，吃的时候小块插起，该不是"枣餖"的另一种版本的流传吧？当然，还有过年时节的"枣花""枣山"，都有关联吧。只是，现在的清明节，多了热闹，少了些什么，比如这"枣餖"。

枣黏面馍与清明节食品

独特的汴京风味——枣黏面馍

　　本人作为一名资深吃货，加上这几年写《寻味开封》专栏并出版了几本美食的书，只为了一张嘴，走遍了开封的大街小巷寻找美味佳肴。说起枣黏面馍，外地人大概都不知道是什么食物，就算是开封人，知道的可能也不是太多，因为这种食品不像开封拉面、小笼包子、锅贴那样普及，它仅仅躲在胡同深处的小摊上静默无语，一如停留在过道的包耀记名点一样。民间藏美，是的，民间藏美食，民间藏佳肴。开封需要慢慢走，需要用心发现街头的美味和名品。这些美食，低调朴实却风味独特，是民间百姓的匠心之作，是一座城市的文化符号或老开封的标签之一。一座城，什么都可以错过，唯有美景和美食不可辜负，一是眼睛需要满足，二是胃口需要慰藉，在对的时间找到对的地方，吃到喜欢的美食，就是一次成功的旅行，一趟走心的休闲，一段回味的行程。

枣黏面馍——一种回族食品，在开封东大寺门口和回民中学附近曾经有卖。这种食品的味道叫人吃后回味无穷，不像现在街头的糕点店烤箱快速加工的枣糕一样"糟糕"，工业化的快速复制靠香精或添加剂来混淆食材本真的味道，只有纯手工制作可以锁住食材的美味。

枣黏面馍的制作离不开红枣和黍米，黍米必须碾皮。大枣选择开封本地枣或新郑枣比较好，先把红枣泡在水中膨胀之后，煮熟捞出来放置备用。煮枣的水不要倒掉，添到锅里用。把黍米用凉水浸泡到用手一捻即碎的时候，上磨磨成汁。手推石磨质量强于机器磨制。待汁水澄清之后，撇去清水，留下沉淀的糊备用。下一个工序就要上锅蒸了。地锅水烧开之后，箅子铺上笼布，再放上用柏木制成的高三寸许的围圈，舀米糊倒进围圈之内，铺平稍低于围圈上沿即可，防止米糊蒸熟之后溢出变形影响外观。再把煮好的枣摊放在围圈内，铺平整个围圈，再次灌糊，使米糊充满红枣间隙并覆盖其表层，直至看不见枣为止。做完这些就可以开足马力添柴烧火了，大火蒸，直到馍熟。最后一步就是装饰了，选取煮熟的大枣摆放在上面即可。一张圆圆的、金黄可口的馍饼就做好了。卖的时候切开，用竹签插着吃就可以了。

古人在清明节都吃啥

清明节又叫寒食节，汉代寒食节在清明前三天，唐宋时寒食节改为清明节前一日。《燕京岁时纪》说："清明即寒食，又曰'禁烟节'。古人最重之，今人不为节。但儿童栽柳、祭扫坟茔而已。"寒食节的食物有很多种，其中馓子这种食品就与介子推有关。这种美食小品源于民间，说是在两千六百多年前的春秋战国时期，晋献公的次子重耳受后母骊姬陷害，被迫流亡国外十九个春秋。他身边有一随臣名叫介子推，此人最为忠贞，始终不离其左右。据传，介子推曾割下自己腿上的肉为重耳充饥。公元前 637 年，重耳借助于秦国的力量，当上了国君，便封赏跟随他流亡的"患难之臣"，却唯独忘了介子推。传说介子推曾做龙蛇之歌，携老母居介林（今山西境内）绵山之中不出。晋文公重耳经人提醒后忙请其下山，但介子推不出山。于是，重耳命人焚火烧山，想以此法逼介子推出山。介子推连同老母死于绵山。晋文公重耳闻之，悲痛不已，传令将绵山之地封给介子推，并封绵山为介山。百姓为纪念介子推，每年临近介子推殉难之日前几天就不再动烟火做饭。

不动烟火就得吃冷食。晋代冷食为"饧大麦粥"，就是将大麦磨成麦浆，煮熟，再将碎杏仁拌入，冷凝后切成块状。宋代则为"子推饼"，但流传至今的是源自魏晋时代的馓子。不过，古代不叫馓子，而名寒具。北魏贾思勰的《齐民要术》说："环饼一名寒具……以蜜水调水溲面。"然后用油炸食，是极为酥脆可口的食品。唐时还喜欢黏黑芝麻。至宋代，寒具已是寒食节的主要食品。《鸡肋编》记载：食物中有"馓子"，又名"环饼"，或曰即古之"寒具"也。京师凡买熟食者，必为诡异标表语言，然后所售益广。有个卖馓子的担着馓子，不说何物，而是玩起了营销策略，长叹说："亏就亏了我吧！"引人注目。他老是在已经被废的皇后居住的瑶华宫附近长叹，于是就被开封府的衙役抓走打了一顿。这商家从此吸取了教训，再卖馓子叫卖道："待我放下歇歇吧！"众人笑话他的同时，买他东西的人越来越多，他的馓子越来越有名气。苏东坡在海南的时候，有个邻居是个老妇人也卖馓子，想找名人做广告宣传，多次盛情邀请苏东坡给写一首诗。碍于情面，苏东坡于是戏作《寒具诗》："纤手搓来玉数寻，碧油轻蘸嫩黄深。夜来春睡浓于酒，压褊佳人缠臂金。"

南宋诗人林逋《山中寒食》诗云："方塘波绿杜蘅青，布谷提壶已足听。有客新尝寒具罢，据梧慵复散幽经。"关于馓子的名称，除了称此为"寒具"外，尚有些其他名称，如：有据其形状如环钏的，称之为环饼；有据其制法需以手捻的，称之为捻头。现在寒食节虽被人们遗忘，但馓子却成了人们喜爱的食品。如今在开封的大街小巷还可以看到制作馓子的摊贩。

《岁时广记》引《零陵总记》记载了另一种寒食节食品"青精饭"："杨桐叶、细冬青,临水生者尤茂。居人遇寒食采其叶染饭,色青而有光,食之资阳气。谓之杨桐饭,道家谓之青精饭,石饥饭。"宋代林洪《山家清供》卷上："青精饭首以此重谷也。按《本草》:'南烛木,今名黑饭草,又名旱莲草。'即青精也。采枝、叶,捣汁,浸上白好粳米。不拘多少。候一二时,蒸饭曝干,坚而碧色。收贮如用时,先用滚水,量以米数,煮一滚,即成饭矣……久服,延年益颜……"寒食节吃青精饭的习俗在南方较为流行。青精饭古今的制法也不一。明代做法是先将米蒸熟、晒干,再浸乌饭树叶汁,复蒸复晒九次,所谓"九蒸九曝",成品米粒坚硬,可久贮远携,用沸水泡食。现代江南青精饭是当天做当天吃,也不再"九蒸九曝"。《七修类稿》提到寒食节时吃的"青白团子"就是由青精饭演变而来。这种青白团子是在糯米中加入雀麦草汁舂合而成,馅料则多为枣泥或豆沙。放入蒸笼之前,先以新芦叶垫底,蒸热后色泽翠绿可爱,又带有芦叶的清香,是很受欢迎的寒食节食品。

稠饧也是寒食节中一种较具特色的食品。所谓"稠饧",就是一种饴糖。商人们往往拿着这种饴糖,边走边吹着箫子,以吸引顾客。"草色引开盘马地,箫声催暖卖饧天",便是北宋诗人宋祁在《寒食假中作》一诗中对这一风俗的生动描述。

"子推燕"是寒食节中最具特色的食品。这一食品在寒食前一天"炊熟"制成,《东京梦华录》卷七《清明节》载:"用面造枣锢飞燕,柳条串之,插于门楣,谓之子推燕。"宋人认为,如果风干的子推燕能够放到明年,有治疗口疮的功效。

此外,寒食节尚有许多特色食品,如奶酪、乳饼、麦饼等。腊月肉常被北宋东京人拿来在寒食节食用。

宋人除夕不吃饺子吃什么

少年时代，印象中每年的除夕，不是忙着贴春联就是忙着包饺子。过年就是大吃大喝，天天白面馍，天天走访亲戚。除夕一夜交两岁，孩子们四处野玩，有时半夜会跳到人家院子里到厨房掀开锅盖偷饺子吃。乡下人风俗，除夕的饺子必须留一碗，寓意锅中有余，来年不缺吃的。善男信女，还会在除夕"供天地桌"，给诸神上供，陈设蜜饯果脯一层，再摆放苹果、干果、馒头、素菜、年糕诸物。这些东西直到过了正月十六之后小孩子才可以吃。据说吃了可以保一年中无灾无难。

置身北宋故都，不禁想起宋代除夕的那些事：宋人在除夕都吃什么呢？

我们知道，守岁，就是除夕晚上不睡觉。守岁始于北宋，《东京梦华录》卷十记载："士庶之家，围炉团坐，达旦不寐，谓之守岁。"时人认为，"守冬爷长命，守岁娘长命"。因此，一些孩子往往通宵达旦不睡，为娘守岁。除夕习俗的内容尽管很多，但其中心仍然是品春盘、吃年夜饭、饮屠苏酒等，全家人吃喝玩乐构成了节庆的主旋律。

品春盘源于"品五辛盘"，就是吃一种生菜大拼盘，就像现代的生菜色拉一样。"五辛"指葱、姜、蒜、韭菜、白萝卜五种辛香类的蔬菜。后来五辛盘演化成"春盘"，宋代皇宫的春盘"翠缕红丝，金鸡玉燕，备极精巧，每盘值万钱"（《武林旧事》）。现代春卷估计就是由此演变而来，除夕品尝，则名之曰"咬春"。

吃年夜饭的花样甚多，宋代开封除夕主食要吃馎饦，馎饦是宋代除夕最具特色的食品，时有"冬馄饨，年馎饦"的谚语。南宋陆游《岁首书事》一诗有"中夕祭余分馎饦"诗句，并自注："乡俗以夜分毕祭享，长幼共饭其余。又岁日必用汤饼，谓之'冬馄饨、年馎饦'。"欧阳修《归田录》卷二："汤饼……今俗谓馎饦矣。"宋朱翌《猗觉寮杂记》卷下："北人食面，名馎饦。"汤饼就是很薄的面片，宋人除夕流行吃面，而不是饺子，不过那时还没有饺子这个名词，除夕吃饺子（馄饨）是元代以后的事了。

饮屠苏酒主要是除瘟气。《月令粹编》记载："屠者屠绝鬼气，苏者苏醒人魂。"此酒多用细辛、干姜、大黄、白术、桔梗、蜀椒、乌头、防风、花椒、肉桂、虎杖等药物泡制。宋人陈元靓的《岁时广记》有详尽记载，称其为"屠苏散""八神散"或"轩辕黄帝神方"。"一人饮之，一家无疾；一家饮之，一里无病。"宋代高承《事物纪原》说:"除夕守岁,饮屠苏酒乃是惯例。"饮用时须从年龄最小者开始,顺序轮转,最后是最长者。其理由是随着年岁的渐增,少年得岁,老人失岁,心常戚戚,故少者先饮。苏辙《除日》诗曰:"年年最后饮屠苏,不觉年来七十余。"

"守岁饮酒,须要消夜果儿,每用头合底板,簇诸般采果、斗叶、头子、其豆市食之类。亦有中样合装者,名为消夜果儿,乃京城乡风如此。"(《西湖老人繁胜录》)那个时代几乎没有娱乐,夜长时间过得慢,为了消磨时间,都要备一些消夜果子,就像今天我们准备瓜子、糖果一样,边看春晚,边嗑瓜子。"儿童强不睡,相守夜欢哗。"宋代如此,现在也是如此,孩子们最喜欢过年了!

第四章

精选大宋美味

浑羊殁忽

按吃饭的人数准备仔鹅的数量，将鹅宰杀后，煺毛，掏尽内脏。完成鹅肉与糯米饭的调味，将糯米饭塞入鹅腹。取羊一只，宰杀、剥皮并去掉内脏。将鹅放入羊腹内，缝好开口。上烤炉按烤全羊法长时间缓火烤，至羊肉熟透离火。打开缝口，取出全鹅放上大托盘，佐各种味碟开吃。

蟹酿橙

挑选黄熟个大的橙子，切去顶盖，剜去瓤，稍微留点汁液。用蟹膏肉填满橙中，用带枝顶盖覆盖。放入甑里，用酒、醋、水蒸熟。以醋、盐蘸食。

莲房鱼包

将嫩莲蓬头切去底部，挖出瓤肉。将活鳜鱼块同酒、酱、香料拌和，一起塞入莲蓬洞孔内，再覆其底。放入蒸锅中，蒸熟即成。

酿笋

准备长短粗细相近、肉色较白的中小春笋五六支，去壳、去根洗净。肉馅用姜末、葱花、胡椒粉、料酒、盐搅拌均匀。用筷子将竹笋内部的节一一穿透，将调好味的肉馅分别塞满笋内，扑上生粉封口蒸之。待笋的颜色变老，稍焖后即可出锅上桌，用餐时自剥笋衣而食。

爁鸭

将鸭子洗净，麻油入锅烧热。下鸭子煎至两面呈黄，下酒、醋、水，以浸没鸭子为度。加细料物、葱、酱，用小火煨熟。熟透之后浸在卤汁之中，食用时再取出，切块装盘即成。

焖炉烤鸭

　　将鸭子宰杀放血后，放在六七成热的水里烫透，捞出。用手从脯部向后推，把大部分毛煺掉，放在冷水盆里洗一下，用镊子镊去细毛。截去爪子和膀的双骨，抽出舌头。由左膀下顺肋骨开一个小口，取出内脏。从脖子上开口，取出嗉囊里外洗净，再用开水把鸭身里外冲一下。京冬菜团成团，放入腹内。皮先用盐水抹匀，再用蜂蜜抹一遍，用秫秸节堵住肛门。在腿元骨下边插入气管，打上气，放在空气流通处晾干。用秫秸将炉烧热，再用烧后的秫秸灰，将旺火压匀。用鸭钩钩住喉管，另一头用铁棍穿住，襻在外边；将鸭子挂在炉内，封住炉门及上边的口，烤至鸭子全身呈柿红色即可出炉。烤熟后片肉，可以皮肉不分，片片带皮带肉；也可以皮肉分开，先片皮后片肉。片好装盘，即可上桌。

夏冻鸡

　　将鸡烫洗洁净，剁成块状，经热油稍炸后取出。将羊头除去毛，洗净，同鸡块一起入锅煮熟。加盐和调料，煮好之后捞出羊头，把剩余的鸡肉放盘，直接置入冰箱 0℃ 保鲜，冷凝即成。

炕鸡

全鸡一只，先用花椒盐将鸡身内外擦透，腌一小时。沥干血水，涂以酒；等鸡表面稍干，再涂一层薄薄的甜酱。待入味，入烤箱内烤熟，斩成火柴盒大小块状，入盘即可上桌。

炉焙鸡

整只鸡入沸水中煮至八成熟，捞出，沥去水，剁成小块。锅内添少量油烧热，将鸡肉块放入略炒。将锅盖严，烧至极热，加醋、酒、盐慢火煨制，待汁干后，再添少量酒煨之。如此数次，待鸡肉熟透酥香即可食用。

酥鸡

鲜藕切成薄片，按照一层藕片一层鸡的次序，一层一层摆入铁锅，鸡头向外，呈圆形。白糖、酱油、香醋均匀泼洒鸡身，中间圆洞内放入姜片、葱段、大料，加水适量，经武火攻沸。文火烧煮，微火煨焖，其间适时加入料酒、椒麻油即成。

风鸡

选公鸡为佳，从右翅下开一小口扒取内脏，收拾干净后灌入热椒盐并摇匀，置于案板腌制三天。后用麻绳穿鼻，挂于阴凉通风处，风干十五天。吃的时候先干拔羽毛，用酒燃火将细毛燎净。入温水浸泡，从背脊处劈开，加入葱、姜后笼蒸，切成条状装盘，淋上麻油调味。

糟鸡

先把火鸡宰杀去毛，净膛氽洗。佐以葱、姜、料酒，用文火煨煮后，取出斩块。再用精盐、味精拌和，取酒糟、葱丝、姜末、花椒加鸡汤少许搅拌均匀。置入坛底，逐层洒上曲酒，再把剩下的配料装入纱袋覆盖其上密封坛口，一天后即可食用。

炕羊

掘地三尺深作井壁，用砖砌高成直灶。整只小羊宰杀、治净，用盐涂遍全身，加地椒、花椒、葱段、茴香腌渍。直灶中间开一道门，上置铁锅一只，中间放上铁架，用铁钩吊住羊背脊骨，倒挂在炉中。覆盖大锅，四周用泥涂封。下用柴火烧，至井壁及铁锅通红。再用小火烧一二小时，封塞炉门，让木柴余火煨烧一夜即成。

烧臆子

将猪胸叉肉切成上宽二十五厘米、下宽三十三厘米、长四十厘米的方块。准备花椒盐水，以花椒与盐加开水煮成。顺排骨间隙戳穿数孔，把烤叉从排面插入。在木炭火上先烧透一面，用凉水将肉浸泡三十分钟后取出。顺着排骨间隙用竹签扎些小孔,俗称放气,便于入味。再翻过来烤带皮的一面,边烤边用刷子蘸花椒盐水刷在排骨上,使其渗透入味。烤四小时左右,至肉的表面呈金黄色、皮脆酥香时离火。趁热用刀切成大片装盘,吃时配以荷叶夹、葱段、甜面酱。

炸鸡签

将鸡脯肉切成细丝,用粉芡、蛋清、葱椒及佐料一起拌成馅。以花油网裹馅成卷,上笼蒸透。外面再挂一层蛋糊,入油锅炸至呈柿黄色。切成象眼块装盘,撒上花椒盐即可食用。

肝签

生猪肝切成细丝,放进开水锅里稍烫一下,用水淘凉,攥干水分。加入调料的鸡肉糊放在一起搅匀后分成几份。与猪网油片平放在案板上,抹一层蛋清糊。顺长放一份肝丝和鸡肉糊,将猪网油的两头折起,卷成直径约两厘米的卷。放在盘内上笼蒸熟,取出放凉,再抹上一层蛋清糊。炒锅置旺火上,添入花生油,烧至七成热时放入肝卷,炸呈柿黄色酥脆时捞出。切成四厘米长、一厘米厚的斜刀块装盘,以花椒盐蘸食。

五色板肚

取新鲜猪肚，经加工修剪、浸泡整理干净。精选肥瘦比为三比一的猪肉，剔除筋膜，切成丁状。佐以精盐、白糖、料酒、上等香料等，腌制猪肉。配以香菜、松花蛋装入猪肚，将切口封严，经卤制重压透凉而成，吃的时候切成薄片装盘。

杞忧烘皮肘

取一斤半重左右的猪前肘，将肘子皮朝下放在铁笊篱中，以旺火燎烤十分钟左右。放入凉水盆内，将黑皮刮净，再把肘子皮朝下放在笊篱中，上火燎烤。如此反复三次，肉皮刮掉三分之二。将刮洗干净的肘子放汤锅里煮五成熟，捞出修成圆形，皮向下偷刀切成菱形块放碗内，将切下来的碎肉放在上面。黑豆和洗净的枸杞果泡煮至五成熟，放入碗内，上笼用旺火蒸两小时。红枣两头裁齐，将枣核捅出。莲子放在盆内加入开水和碱，用齐头炊帚打去外皮，冲洗干净，截去两头，捅去莲心。将莲子放在碗内，加入少量大油，上笼蒸二十分钟，取出滗去水分，装入枣心内，再上笼蒸二十分钟。锅内放入锅垫，把蒸过的肘子皮朝下放锅垫上，添入清水两勺、冰糖、白糖、蜂蜜，把装好的大枣放上，用大盘扣着，以大火烧开，再移至小火上半小时。呈琥珀色时，去掉盘子，拣出大枣，用漏勺托着锅垫扣入盘内。将黑豆、枸杞果倒入余汁内，待汁烘起，盛肘子入盘，略加整形，点以银耳即成。

琥珀冬瓜

选用肉厚的冬瓜，去皮后刻成佛手、石榴、仙桃形状。铺在箅子上，放进开水浸透，再放进锅内。兑入去掉杂质的白糖水，武火烧开后改用小火，冬瓜呈浅枣红色、汁浓发亮时即成。

樱桃煎

备五十斤鲜樱桃和二十五斤白砂糖。如人数不多，按比例减少即可。提取樱桃果肉汁液，将以上原料混合在一起。放入锅中加清水熬煮，直至原料充分溶于水。

大耐糕

取个头小巧的苹果，削皮去核，制成果盒形状。装入枣泥及配料，表面用瓜子仁或杏仁点缀为花形，入笼蒸熟后浇蜜汁即可。

算条巴子

先将猪肉精肥各切作三寸长，如操作数样。调和砂糖、花椒末、宿砂末。与猪肉拌匀，日晒干后蒸熟。食用时，要先加以浸洗，再放入盛器蒸熟即成。蒸时视肉干咸淡，可略加葱、酒、盐或糖等调味。

鱼鲊

取新鲜鱼，先去鳞，再切成二寸长、一寸宽、五分厚的小块，每块都带皮。切好的鱼块放进水盆里浸着，整盆漉起来，再换清水洗净。漉出放在盘里，撒上白盐，盛在篓中，放在平整的石板上榨尽水。将粳米蒸熟作糁，连同茱萸、橘皮、好酒等原料在盆里调匀。取一个干净的瓮，将鱼放在瓮里，一层鱼、一层糁，装满为止。把瓮用竹叶、菰叶或芦叶密封，放置若干天，使其发酵。

东华鲊

取鲤鱼肉一千克，洗净后切成厚片，用精盐腌入味并沥干水。备花椒、碎桂皮各五十克，酒糟二百五十克，与葱丝、姜丝、盐一起拌匀成粥状。将鱼片与上述调料拌匀，装入瓷坛内。以料酒、清水各半，洗净带糟的鱼片。加碎桂皮末二十五克，与葱、姜丝、少许盐、胡椒粉拌匀，用鲜荷叶包成小包，三四片一包。蒸透取出装盘即可。

油条

面粉加入小苏打（或碱）、矾、盐溶液。添水和成软面团，反复揉搓使匀。饧过之后擀成片，切成长条。取两条合拢压过，抻长下入油锅内，用长筷子不断翻转。受热后面坯中分解出二氧化碳，产生气泡并膨胀，色棕黄、鼓之圆胖即成。

油饼

采用小麦面粉，用水和面；冬天用温水，夏天用凉水。不用发酵。把面团擀成水盘大小的圆张，甜饼极薄，不加任何调料；咸饼略厚，常常佐以葱花、油、盐。将擀好的饼，放在烧热的铁锅、平底锅或鏊子上翻烤。甜饼一正一反即熟，咸饼讲究"三翻六转"。

锅贴

以韭黄、猪肉为馅，死面为皮。包好后依次摆放在平底锅内，加入清水用武火煮制。水干后浇上稀面水，待水消尽，淋入花生油再用文火煎制，煎至柿红色的时候即成。

锅贴豆腐

把鱼肉、蛋清、粉芡、盐、姜汁、大油、味精打成暄糊。豆腐捺成泥，掺到糊内搅拌。将肥肉膘切成方形薄片，把打好的糊抹在上面。把收拾好的青菜叶铺在上面，抖上干粉芡面，挂上蛋清糊，入热油锅炸成微黄色。捞出剁成长条块，装盘即成，佐以花椒盐食之。

猪肉香肠

将猪肉剔除筋膜并绞碎，把肥肉切成一厘米的小方块。将肥、瘦肉拌匀，加入各种辅料，拌至有黏性为止。洗净肠衣，控干水分，将配好的肉灌入肠衣，注意粗细均匀。将肠扎孔放气，打结，每节十六厘米，两节为一对，悬挂于阴凉处风干。

羊肉香肠

以料酒、白糖、姜汁、花椒油、食盐为配料制成料汁。把羊肉切成细长小条，放入料汁浸渍十五分钟。把羊肉灌入肠衣，每隔十厘米用麻绳扎为一节，每挂有六七节，挂于通风、干燥、阴凉处阴干即成。

香辣灌肺

先取羊肺一具，反复灌水洗净血污。淀粉、姜汁、芝麻酱、杏仁泥、黄豆粉、肉桂粉、豆蔻粉、熟油、羊肉汁、适量盐、清水少许调成薄糊。边灌边拍，使之灌满羊肺。用绳子扎紧气管口子，与羊肉块同煮，熟时切成块状，蘸醋、芥末或蒜泥之类调味品食之。

东坡羹

将蔓菁、萝卜洗净切成寸段，生姜洗净切块。粳米淘净，与上述调料一起放入砂锅，加水煮成稠粥，加入白糖即成。

鹌子水晶脍

将鹌鹑洗净，从脊开膛，在汤内略浸后捞起放在盆内。原汁汤滤去杂物，倒入盆中，加入葱汁、姜汁、花椒和陈皮，再放入精盐、料酒、味精上笼蒸烂。下笼时拣去花椒、陈皮，滗出原汁，剔去鹌鹑骨头，但保留头部，使其形状完整。把猪肉皮放进开水锅内浸透捞出，片净皮上的油脂，上笼蒸烂并过滤，兑入蒸鹌鹑的原汁，放在火上微熬片刻待用。把鹌鹑放进直径十二厘米的碟内，并摆放成形，将汁浇入，放进冰箱二十分钟取出，扣装盘内，点缀香菜。以姜米、香醋兑成汁，随菜上桌。

水晶脍

将白鸡一只剁成四大块。猪肘子剔除骨头，与去油脂的猪肉皮一起用清水煮至八成熟时，捞出、清洗干净，放入盆里，加入姜片、大葱段。加入适量精盐、料酒与清水以旺火蒸制。待鸡肉、肘子酥烂，汤汁有弹性而且清澈，用汤笊滤出汤汁。使汤汁的一半冻结，而且在其上面用火腿、香菜叶随意摆成花朵形图案，再将另一半汤汁均匀地倒入冻结。切成菱形块，使每块里面都有一个花朵形图案，装盘即成。食用时调以姜末、香醋。

金齑玉脍

八九月下霜季节，选择三尺以下的鲈鱼，宰杀、洗净后，取精肉细切成丝。调味汁浸渍入味后，用布裹起来挤净水分，散置盘内。另取香柔花和叶，均切成细丝，放在鱼脍盘内与鱼脍拌匀即成。

旋切鱼脍

用五斤以上的螺蛳青鱼，取纯肉切丝。配以香菜、韭黄、生菜分别摆装入盘。将姜汁、萝卜汁、香醋、胡椒粉、榆仁酱、盐、少许糖掺在一起成汁，蘸着吃即可。

琉璃藕

河藕洗净去皮，切成瓦状。油炸冷却后，涂一层稀稀的蜂蜜即可。

煎藕饼

鲜藕 750 克淘洗干净，切去藕节，削净藕皮。刨成细茸剁碎，以稀布挤出部分水分。肥膘肉 150 克绞成细泥，与江米粉 100 克、藕茸放在一起搅拌成糊。把豆沙泥 200 克分成十八个馅心，用藕糊包成十八个圆饼，饼直径 2~2.5 厘米、厚 1.5~2 厘米。锅内放入熟猪油 100 克，烧至三成热时放进藕饼（里面七个，周边十一个），用文火煎制。将两面煎成黄色，盛入盘内，撒上白糖即可食用。

蜜汁江米藕

将绝好的淀粉加蜂蜜、少许麝香调匀成稀汁。莲藕从大头切开，使孔眼露出，将汁从莲藕孔中灌满，再用油纸将莲藕包起来。入锅中煮熟捞出，去掉油纸，将藕切成片，趁热装盘上席。

参考书目

《东京梦华录》（孙世增校注）

《东京梦华录注》（邓之诚注）

《东京梦华录补注》（孔宪易注）

《山家清供》

《宋史》

《食珍录》

《齐民要术》

《武林旧事》

《梦粱录》

《西湖老人繁盛录》

《河南名菜谱》

《事林广记》

《本心斋蔬食谱》

《吴氏中馈录》

《宋氏养生部》

《老学庵笔记》

《容斋随笔》

《居家必用事类全集》

《宋稗类钞》

《枫窗小牍》

《太平广记》

《祥符县志》

《鹤林玉露》

《开封饮食志资料汇编》（手稿，未刊本）

《开封饮食志》（油印本）

《开封市食品志》（油印本）

《开封市志》（第七册）

《如梦录》

《开封名菜》

《开封商业志》

图书在版编目(CIP)数据

大宋饕客指南/刘海永著. --郑州:河南文艺出版社,2022.8

ISBN 978-7-5559-1277-4

Ⅰ.①大… Ⅱ.①刘… Ⅲ.①饮食-文化研究-中国-宋代 Ⅳ.①TS971.202

中国版本图书馆 CIP 数据核字(2022)第 117246 号

选题策划	王淑贵
责任编辑	王淑贵
书籍设计	张　萌
责任校对	梁　晓

出版发行	河南文艺出版社
本社地址	郑州市郑东新区祥盛街 27 号 C 座 5 楼
承印单位	郑州印之星印务有限公司
经销单位	新华书店
纸张规格	890 毫米×1240 毫米　1/32
印　　张	8.75
字　　数	158 000
版　　次	2022 年 8 月第 1 版
印　　次	2022 年 8 月第 1 次印刷
定　　价	38.00 元

印厂地址　郑州市高新区冬青西街 101 号

邮政编码　450000　　电话　0371-63330696